JN424837

행복한 소비 – 자본과 건축공간

A HAPPY COMMERCIAL

임 동 원 지음

Spacetime

소비하는 것이 행복한 것은 바로 이것 때문입니다.

phan · tas · ma · go · ri · a

[fæntæ̀zməgɔ́:ria]

n. 판타스마고리아, 환등상(環燈像), 주마등같이 변하는 광경[환상] ; 요술 환등 ; 눈의 환각

그렇습니다.

상품이 만들어 내는 기만적 외양이 없으면,

그리고 그 외양에 홀리는 일이 없으면

소비는 결코 즐겁지 않습니다.

진열의 밀도Dencity : ***Higher***

키오스크 ■ x 1~5
Kiosk

편의점 ■ x 20~300
CVS(convienient store)

할인매장 ■ x 200~40,000
Wholesale mart

브랜드샵 (단독) ■ x
Brand shop (individual)

브랜드샵 (복합) ■
Brand shop (collecti

- 멀티샵Multi shop
- 카테고리킬러Cate
- 아웃렛Outlet (typ
- 백화점Departme
- 몰Mall (type for
- 복합개발Complex

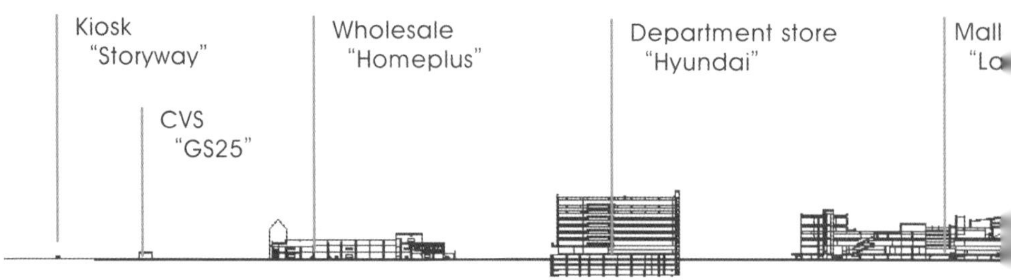

소비공간의 위계

Retail space hierarchy

■ = $1m^2$

공간의 크기Scale : ***Bigger***

)00

0~vari.

: 200~3,000

Killer ■ x 2,000~5,000

urban/ rural) ■ x 2,000~10,000

re ■ x 10,000~50,000

/ rural) ■ x 20,000~100,000

h housing/ office/ etc) ■ x 30,000~400,000

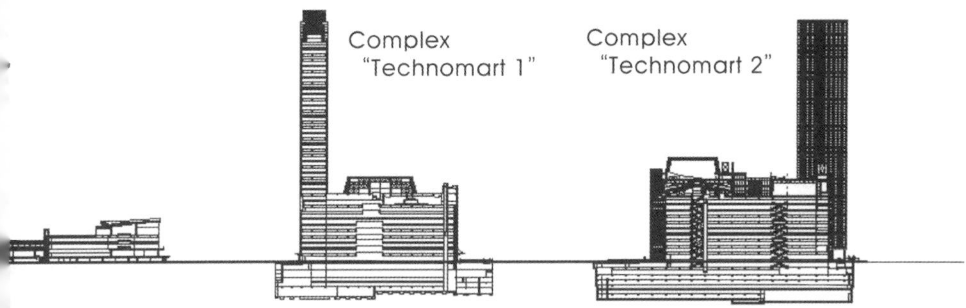

소비공공
Commercial Pubilc

Railway Station
Airport
Library
Subway
Town Office
City Hall

소비주거
Commercial Housing

Private Villa
Town House
Multi unit Housing
"Officetel"
Apartment Housing
Complex Housing

소비리테
Commercial Retail

Kiosk
CVS
Wholesale mart
Category Killer
Mulity shop
Department Store
Mall
Commercial Comple

소비공간,소비사회,소비도시
Commercial space, urban, and Society

행복한 소비 – 자본과 건축공간

A HAPPY COMMERCIAL

시작 start

[Part-1] 소비공간 commercial space

[Part-2] **소비도시** commercial urban

[Part-3] **소비사회** commercial society

가로지르기 transwalk

끝맺음 conclusion

행복한 소비를 꿈꾸는 사람들

소비사회는 인간의 욕망구조를 바꾸어 놓음과 동시에 인간 자체를 바꾸어 놓는다. 영화 메트릭스Matrix에서 네오Neo와 모피스Morphis로 대변되는 네트웍-인간Network-Human이 인간과 기계의 혼성체를 보여 준다면, 현대 소비사회를 관통하는 현대인은 상품-인간Commodity-Human의 혼성체이다. 상품이라는 것이 화폐와 함께 인간의 소비행태를 만들었다면, 그것의 탄생 이후 인간의 위치는 역설적으로 바뀌었다. 한마디로 인간은 외롭지 않으려면 상품이 되어야 했기 때문이다.

노동시장에 나온 인간은 그 자체로 하나의 상품이다. 인간에게도 시장에서 선택받아야 함은 바로 생명의 존속에 직결되는 절대 명제가 된다. 그건 상품의 세계에서 유래했다. 그런데 상품은 자신의 실체를 감싸주고 보완해 주는 그 무엇이 필요했다. 그것이 바로 환등상, '판타스마고리아phantasmagoria'이다. 이렇게 환등상은 상품을 감싸주는 포장지와 기호에서 출발하여 우리의 외양을 지배하며 나아가 정주환경으로서의 현대도시를 지배하게 되었다. 이렇게 허영은 생존을 빌미로 실체를 지배하고 있다.

현대인에게 메트로폴리스Metropolice는 일상日常과 비일상非日常으로 나뉘어 있다. 일상은 라캉Lacan의 언급대로 '죽음으로 가는 지루한 통로' 이다. 매일 보내는 일터와 가정은 자아의 든든한 기반을 제공함과 동시에 권태와 지루함을 야기한다. 비일상은 그것에 대한 돌파breakthrough이다. 메트로폴리스는 매우 다양한 요소로서 이루어진 이질적인 곳이다. 그러한 도시의 이질성이 그대로 투영되어 있는 곳이 바로 몰mall이다. 몰은 단조롭지 않다. 그렇게 도시의 소비공간은 현대인에게 비일상을 제공하며 그곳에서 내뿜어 내는 환등상의 에너지는 현대인의 생활동력이 된다. 그래서 현대인은 다시 일상을 꾸려갈 수 있다. 마치 방전된 전지를 충전하는 것처럼.

이 책은 이처럼 허영으로서의 판타스마고리아가 지배하는 메트로폴리스, 서울을 바라본다. 소비공간이 만들어 내는 환등상의 양상을 스케치함으로써 그것을 욕망하고 꿈꾸는 행복한 소비를 지향하는 사람들의 공간을 바라보려 했다. 지키려했던 원칙이 있다면, 가급적 차가운 눈을 유지하고자 했다. 그것은 그 뜨거운 환등상에 살을 데지 않기 위함이다. 필자에 있어 서구의 학자 발터 벤야민Walter Benjamin의 눈은 차가왔다.

행복한 소비 – 자본과 건축공간

A HAPPY COMMERCIAL

Part. 1

소 | 비 | 공 | 간

COMMERCIAL SPACE

여기서 잠깐. 다른 용어들을 살펴 봅시다.

__ Retail : 말 그대로 소비공간을 지칭한다.

__ Md Merchandise : 상품진열을 지칭하는 말.

__ CVS Convienience store : 편의점.

__ Category Killer : 카테고리 킬러. 이른바 1가지의 품목을 집중, 전시, 판매하는 곳. 전자양판점 등에서 볼수 있다.

__ Drug Store : 초창기 약국과 편의점이 결합된 모델을 표방하며 미국에서 나타난 retail 유형. 국내의 올리브 영이 한 예이다.

__ Muliti-Shop : 고정 MD와 같은 카테고리형 진열에서 같은 진열장 안에 다양한 상품을 mix시켜 판매하는 retail 유형. 국내의 Kosney가 한 예가 된다.

__ Mall : 소비공간의 도시적 개념인 passage 형식을 그대로 상업적 공간으로 표출시킨 retail 유형으로서 대규모의 상업단지를 형성하며, 다양한 상품과 다양한 이벤트 스페이스를 제공한다. 국내의 Assem mall, Certral city mall 등을 들 수 있다.

__ Hard discount store : 1천개 내외의 한정된 품목을 초저가에 제공하는 저가 슈퍼마켓으로 독일, 프랑스 등 유럽을 중심으로 인기를 끌었다. 매장 내 시설과 운영비를 최소화하고, PB상품 비중을 70% 이상 가져가면서 저가정책을 실현하고 있다.

__ PB Private Brand : 개인적 브랜드라는 의미로 유통사 자체가 기획, 제작하여 판매하는 독점적 상품. 일례로 할인마트에서 자신의 브랜드를 붙여서 판매하는 상품을 말한다.

__ POP Point Of Purchase : 현장판매를 의미한다.

__ 그루엔 전이 Gruen Transfer : 미국에서 초창기 쇼핑몰을 설계했던 그루엔의 이름을 딴 것. 너무 많은 정보가 감각기관에 입력될 때 사람들이 심리적으로 당황하게 되어 판단력이 흐려지는 현상.

__ 엉덩이 부딪힘 효과 Butt Brush Effect : 쇼핑몰에서 엉덩이 부딪힘 효과를 최소화 할수록 매출이 증가한다. 통로가 넓을수록 사람들의 움직임이 느려지면서 여기 저기를 둘러보게 되고, 머무는 시간이 길어지면서 충동구매를 하게 될 확률도 높아지기 때문이다.

PART ... 1 소 | 비 | 공 | 간 Commercial Space

1. 키오스크 : 도시의 떠다니는 점

키오스크Kiosk는 도시를 떠다닌다. 일정한 목적을 위해 정박하고, 그 목적이 달성되었다 판단되면 다시 자리를 일어선다. 키오스크는 도시의 공적 공간을 점유한다.
지하철의 지하철공간부터 지상의 보행인도로는 그들의 장소가 된다. 많은 키오스크들은 불법이다.
그들은 행정에 의한 정치력에 의해 영역의 지속성을 보장받지 못한다.
이렇게 키오스크는 일시적으로 생성하고, 소멸하는 도시를 떠다니는 점이다.

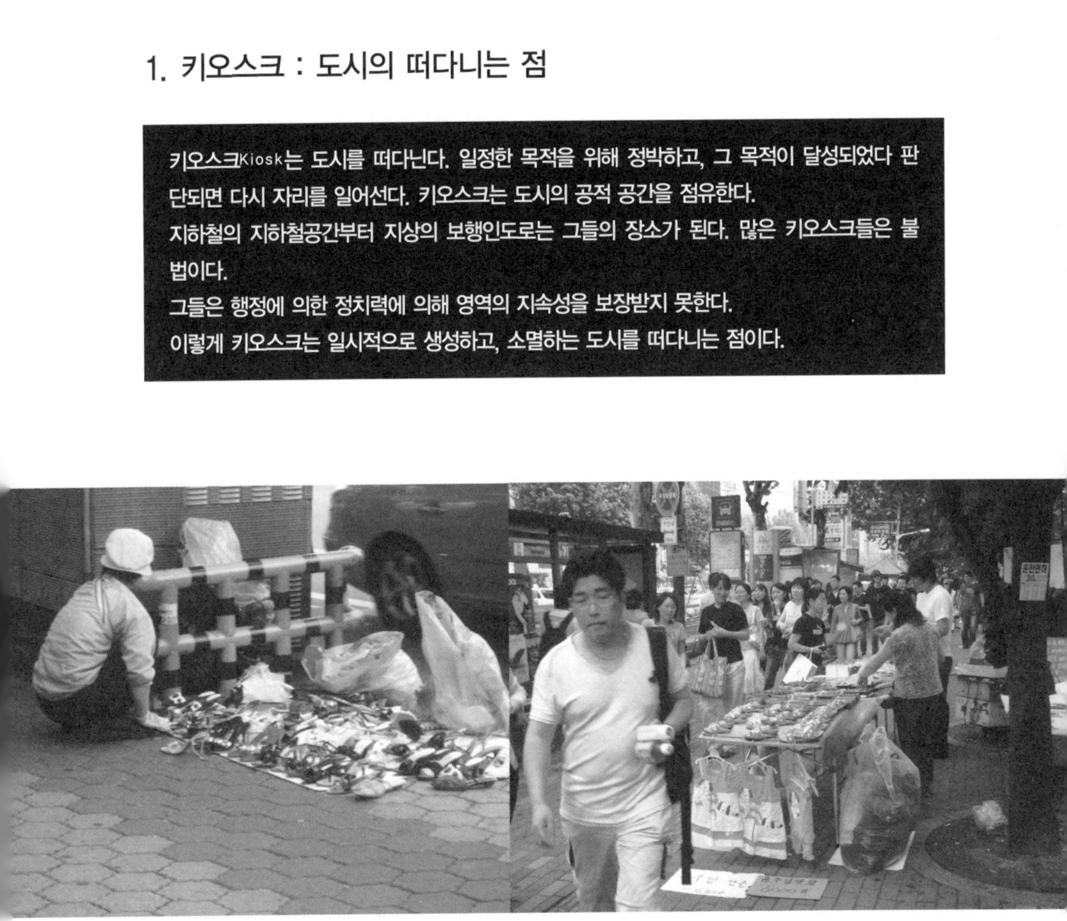

도시의 키오스크들 : 도시리테일의 최소단위

● 키오스크-1 : 지하철 CD판매상

이동 중인 전철 안, 여행가방을 중심으로 잠시의 공간이 형성되다 사라진다. 지속시간 대략 5분.

> 지하철 0호선. 열차는 철로 위를 달리고 있다. 철로레일의 마찰음이 들릴 뿐 주위는 조용하다. 승객들 사이로 여행가방을 든 한 남자가 나타난다. "안녕하십니까 여러분, 잠시 양해말씀 구하겠습니다. 제가 여기 이렇게 선 이유는..."
> 주위의 시선이 일거에 그에게 몰린다. 그는 개의치 않고 자신의 말을 정리한 후 여행용 가방 위에 놓인 CD플레이어를 작동시킨다. 그의 음악은 주위의 소음을 일거에 정리해 주며, 승객들에게 다가간다.
> 그 동안 그는 열심히 구석구석 돌아다니며 판매를 유도한다. 선뜻 사는 사람은 나타나지 않는다. 다시 다른 노래가 끝나고 나서야 그는 스톱버튼을 누른다. 그는 주섬주섬 CD를 챙기고 내릴 준비를 한다.
> 문이 열린다.
> "감사합니다. 즐거운 하루 되십시오."

● 키오스크-2 : 움직이는 버스매장

K역 앞의 대로변, 자체상표 포스터로 둘러싸인 대형버스가 대로변에 멈춰서 있다 사라진다. 지속시간 약 5시간.(pm 5:00~pm 10:00)

> 사람들은 얼마 전부터 이상한 버스를 발견했다. 어떤 브랜드상표로 둘러싸인 버스가 장시간 정차하고 서 있는 것이었다. 사람들은 그 주위로 몰려들었고, 창이 없는 버스를 신기하게 바라보았다. 알고 보니 그것은 옷가게였다.
> 버스 안은 10대 소녀들의 마음을 사로잡으려는 다양한 옷으로 가득 차 있었고, 갈아 입을 장소까지 마련되어 있었다. 매장 안은 예상대로 10대 소녀들로 가득 차 있었다.
> 그들은 주위에 있는 경찰차는 신경쓰지 않는 듯 했다.

● 키오스크-3 : 대로변 노점상

00대로 인도변, 개조 리어카로 만든 잠시의 공간이 형성되다 사라진다. 지속시간 약 11시간(pm 2:00~다음날 am 1:00). 그러나 다음날 여전히 이곳은 지속된다.

이곳에 리어카 상업공간이 생긴 것은 굉장히 오래 전의 이야기이다. 상인들은 오전 11시가 되면 천천히 리어카를 움직여 자신의 장소로 이동한다. 이미 이곳은 그 사람들의 장소가 되었고, 주위의 사람들 또한 으레 그렇게 여기게 되었다.
일종의 권리가 생긴 셈이다. 생각해 보면, 그 상인들은 몇년 전 이 권리를 얻기 위해 공영회에 이미 000만원을 지불하였다. 이후 이 가격은 몇배가 뛰었다.

● 키오스크-4 : H대 앞 거리 풍물장

H대 앞의 놀이터, 파라솔과 가판대로 이루어진 잠시의 공간이 형성되다 사라진다. 지속시간 약 8시간(am 11:00~pm 7:00)

사람들은 날씨가 좋은 일요일이면 H대 앞으로 나간다. 그곳에는 얼마 전부터 수공예 액세서리 풍물장이 있기 때문이다. 풍물장이 열리는 시간 만큼은 그곳은 매우 활기차다.
많은 생산업자들이 자신의 공예품을 가지고 나와 진열하고, 관람객들은 그들 앞을 서성이며, 자신의 구미를 시험해 본다. 이것은 분명히 아주 잠시간의 공존이다.
그러나 이곳 사람들은 이들의 존재를 인식하기 시작했고, 으레 일요일 오후가 되면 시끌벅적한 분위기를 예상하며 이곳을 지나치려 한다.
이미 이곳은 도시의 점들이 모인 하나의 장소가 되었다. 비록, 일요일 오후의 짧은 시간이지만.

키오스크-1, 2

키오스크-3, 4

2. 편의점 : 10평의 만물상

편의점은 슈퍼마켓의 영업시간이 짧아 아침 일찍, 혹은 밤늦게 생필품을 구입할 필요가 있는 소비자들의 보충적 구매욕구를 총족시키기 위해 등장하였다. 또한, 2,000~3,000여 개에 달하는 다양한 품목은 소비자에게 일상적 소비생활을 원만하게 할 수 있는 상품 편의성을 제공한다.[1)] : 한마디로 10평의 萬物相.

1) 상품의 진열방식과 품목

10평의 작은 공간에서 상품은 나름대로 가지런히 정리되어 있다. 출입구 근처에 계산대가 있고 벽면을 중심으로 냉장, 냉동고와 점원의 공간이 있고, 중앙의 진열대에서는 소비자들이 쉽게 다가갈 수 있게 아일랜드island 형식을 갖추고 있다. 이것은 신선도를 유지해야 하는 상품들이 벽면에 붙어 냉장코너를 차지하고 나면

압축된 진열을 보여 주는 편의점

공산품들과 스낵류들 및 기타 일용품들이 아일랜드 진열대에 위치하여 가장 손쉬운 접근을 이룰 수 있게 해주고 있다. 즉, 이곳은 좁은 임대매장을 가지고 가장 다

---

1) 소비자의 편의점 선택요인 및 성적평가에 관한 연구. 2005. 김정현. 동의대 대학원 석논.

양한 엄선된 품목으로 승부하는 상점인 것이다. 그렇기에 취급되어지는 품목 또한 나름대로의 전략이 있다. 편의점의 상품 중 가장 많은 것은 바로 일회용품이다. 여기서 일회용품은 1회용 종이컵, 1회용 면도기 등 횟수의 문제가 아니라 소비자가 구매하면 바로 즉시 소비하여 폐기하는 상품이다. 그 만큼 상품의 회전속도가 빠를 수 밖에 없고 그 만큼 불특정 다수를 상대하기에 가장 용이한 상품들이 편의점의 자리를 차지하게 된다.

2) 24시간 운영체제

이곳은 주야의 구별이 없다. 그리고 항상 열려 있다. 야간의 인적 하나 없는 퀭한 밤거리를 걷다가 만나는 편의점의 환한 불빛을 보고 어쩌면 도심의 오아시스라도 만난 것 같은 기분을 누구나 한 번쯤은 느꼈으리라. 바로 이런 시간대를 편의점은 의도하고 있는 것이다. '근무시간'의 개념을 여지없이 파괴하는 이러한 전략은 소비자에게 **'언제나, 항상'**이라는 개념을 심어주기에 충분하다.

3) 현대 소비패턴의 양대 축 : 할인매장과 편의점

편의점과 할인매장은 완벽하게 대위를 이루는 한쌍이다.

	할인매장	편의점
쇼핑의사	전략구매	충동구매
쇼핑패턴	박리다매	고리소매
배후지	광역적	200m
매장의 크기	대규모매장	소규모매장

4) 편의점과 외부공간

도시인들에게서 길의 공간은 피곤한 공간일 뿐이다. 쉴 수 있는 공간들. 요새 공개공지들을 의무화하여 몇몇의 대형건물 앞에는 조금의 휴식공간이 있을지 모르나 오히려 일반주거지역 등의 밀집된 저층건물의 동네를 가면 쉴 수 있는 공간은 더더욱 찾을 수 없다.

그러면 요즘의 편의점 앞을 살펴 보자.

편의점 앞에는 거의 대부분 파라솔과 의자가 있다. 이건 중요한 변화이다. 얼마 안 된 과거를 회상해 보면 작은 상점들 앞에는 평상들이 있었다. 그리고 그곳에는 사람들이 모이고, 술판이 벌어지고, 작은 모임들이 이루어지곤 했었다. 그런 행위들. 작은 길거리에서 일어날 수 있는 행위들이 이제는 편의점 앞에서 이루

어지고 있다. 필자의 경험으로도 길을 걷다가 쉴 수 있는 공간을 찾을 때 으레 찾게 되는 것이 편의점의 간판이다. 일단, 그곳에 가면 앉을 수 있고 따스한 캔커피를 저렴하게 한잔 마시고 갈 수 있다.

5) 편의점, 현재와 미래

《김 영(29 · 여 · 서울 관악구 봉천동)씨는 출근하면서 서울 영등포구 문래동에 있는 회사 앞 편의점에 들렀다. 아침에 먹을 삼각김밥과 바나나우유를 사고, 4일 전 퇴근하면서 빌린 DVD를 반납했다. 2박 3일의 대여기간을 넘겨 연체료 500원을 물었다. 점심시간, 김씨는 편의점에 다시 들러 충남 부여에 사는 친정어머니에게 화장품세트를 택배로 부쳤다. 55번째 생신 선물이다. 오후 8시 넘어 퇴근한 김씨는 집 근처 편의점에서 3000원짜리 비빔덮밥과 꼬마김치를 샀다. 전날 인터넷 서점에서 주문한 책을 받고 전화요금도 냈다.》 2008년 3월 27일 현재 편의점에서 가능한 일상생활이다.

편의점은 '생활의 정거장Living station' 이 되었다. 생활기능시설로서의 편의점, 보다 다양해지지 않을까? 기존의 몇몇 대형화된 체인점을 가지고 있는 편의점들의 상표가 더더욱 다양해질 것이고 그것들을 맞게 되는 소비자의 행동 또한 바뀔 것이다. 그리고 어느 누군가 또 멋진 프로그램을 가지고 지금까지의 편의점을 휩쓸어 버리고 새로운 생활정거장을 제시할지도 모르는 일이다.

김애란氏의 글 '나는 편의점에 간다' *는 동시대인이 느낄 수 있는 편의점이라는 불특정 다수의 공간에 대해 공통하는 미묘한 감각을 이끌어 내고 있다. 여기서 묘사되는 편의점공간의 양태는 우리 동시대인의 생활의 표상이며 풍경이다.

이 글은 이렇게 시작한다.

> 나는 편의점에 간다. 많게는 하루에 몇 번, 적게는 일주일에 한 번 정도 나는 편의점에 간다. 그러므로 그 사이, 내겐 반드시 무언가 필요해진다.

편의점은 꼭 필요한 물건이 있어서 가는 곳이 아니다. 그곳이 있어서 **무언가 필요해짐을 느끼는** 그런 곳이다.

김애란氏는 이곳을 참으로 '관대하다' 고 표현한다. 그 말은 누구나 들어갈 수 있는 익명의 공간이라는 말이다.

> – 편의점에는 많은 사람들이 오간다. 그들은 모두 누구일까? ... 그 중에는
> 1. 조금 전 비디오방에서 섹스를 한 뒤 같이 컵라면을 나눠 먹는 어린 연인
> 2. 근처 병원에서 아이를 지운 뒤 목이 말라 우유를 사러 온 여자
> 3. 아버지께 꾸중 듣고 담배를 사러 온 백수총각
> 4. 얼굴을 공개한 적이 없는 예술가
> 5. 실직자
> 6. 간첩
> 7. 걸인으로 위장한 예수
> 그러나 편의점은 묻지 않는다. 참으로 거대한 관대다.

그렇다면 편의점은 어떻게 우리에게 왔으며 어떻게 비쳐지는가?

김애란氏의 말을 들어보자.

– 2003년 서울. 빈 손을 물끄러미 쳐다보고 있는 우리에게 편의점은 기원을 알 수 없는 전설처럼 그렇게 왔다.
– 새 편의점이 언제부터 이곳에 생겼는지는 기억나지 않는다. 이곳은 쉴 새 없이 무언가 생겼다 사라졌고, 생긴게 또다시 생기곤 했다. 여관, 피씨방, 테이크아웃 커피점, 호프집, 교회...편의점은 언제부턴가 그것들 틈에 말쑥한 차림의 전입생처럼 앉아 있었다.
– 도로 위로 퇴근차량들이 긴 트리를 만들며 깜빡이는 시간, 나는 반드시 편의점에 들렀다. 집으로 가는 길, 그곳 어딘가 환하게 간판을 밝히며 서 있는 세븐일레븐, 숨길 것도 감출 것도 없다는 듯 투명유리 사이로 훤히 내장을 드러내고 있는 그곳. 나는 세븐일레븐을 지나며 설마 저렇게 많은 물건 중 내게 필요한게 1가지도 없을까 의심하게 된다. 그러면 세븐일레븐은 틀린 답을 고쳐주며 학생의 머리를 쓰다듬는 선생님처럼 내 손에 무언가를 들려 보낸다.

그렇다. 편의점은 그렇게 우리에게 온 것이다. 그것은 기원을 알 수 없는 전설이며, 거대한 관대를 가지고 있으며 말쑥한 차림의 전입생으로 내 손에 무언가를 들려 보내는 그런 곳이다. 이곳의 자동문은 마치 구원의 문이며,

– 큐마트의 자동문은 코가 예민한 짐승처럼 잔뜩 웅크리고 있다가 조금이라도 기웃거리는 손님이 있으면, '컹' 하고 짖듯 문을 활짝 열어 주었다. 자동문은 항상 구원의 문처럼 열린다.

눈이 마주친 순간에도 바코드는 작동한다.

– "안녕하세요?" 엉겁결에 서로 눈이 마주친 순간, 그의 손에 들린 리더기가 잽싸게 컵라면의 바코드를 읽어 낸다.

또한, 이곳은 기분에 따라서는 전혀 의식적인 대화를 안해도 되는 **표백공간**이 되기도 한다. 이 얼마나 편의한 세상인가.

– 큐마트의 청년은 내게 꼭 필요한 말만 건넨다. "이천오백원입니다." 혹은 "데워 드릴까요?" 혹은 "빨대 넣어 드릴까요?" 등이 그것이다. 나는 그것이 아주 마음에 든다. 그가 상품의 바코드에 스캐너를 댈 때면, 손님쪽을 향해 있는 모니터엔 가격과 잔액 등이 모두 표시된다. 마음만 먹는다면 우리는 어떤 말도 안할 수 있다.

이렇게 해서 형성되는 편의점은 이젠 상품의 편의용품을 판매하는 곳을 넘어 **일상을 판매하는 장소**가 되며 그곳에 들어서는 순간 당당한 '서울시민'이 된다고 김애란氏는 말한다.

– 내가 편의점에 갈 때마다 어떤 안심이 드는 건, 편의점에 감으로써 물건이 아니라 일상을 구매하게 된다는 생각 때문인지도 모르겠다. 비닐봉지를 흔들며 귀가할 때 나는 궁핍한 자취생도, 적적한 독거녀도 무엇도 아닌 평범한 소비자이자 서울시민이 된다.

그러나 이러한 익명의 공간, 편의점에서도 타자로서의 **응시의 눈**이 있다. 다음은 주인공이 편의의 세계에 감추어진 그것을 의식하는 대목이다.

– 큐마트에 다니면서 내가 한 가장 큰 착각은 푸른 조끼의 청년과 사적인 말을 하지 않으므로 내 사생활이 전혀 드러나지 않을 것이라고 생각한데 있었다. 내가 아는 한 큐마트는 '어서 오세요' 와 '감사합니다' 의 세계였다...나는 뜻밖에 의도하지도 않은 내 정보들이 매일매일 그가 들고 있는 바코드 검색기에 찍혀 나가고 있다는 것을 깨달았다. 예컨대, 그는 나의 식성..자주 사가는 요구르트..쓰레기봉투가 대충 10리터..나의 생리주기..콘돔값..그는 나의 식생활에서 성생활에 이르기까지 모두 '보고' 있다. 왜냐하면, 편의점은 모든 걸 파는 곳이기 때문이다. 큐마트는 나의 가장 오랜 단골이 된 덕에, 청년은 내가 단 한마디의 사적인 말을 걸지 않고도, 나에 대해 그 어떤 편의점보다 많은 것을 알게 되었다. 그는 나도 모르는 나의 습관을 알고 있을지도 모른다..알면서도 침묵하는, 그의 무심함이 뻔뻔스럽게 느껴졌을 뿐이다.

다음 글에서 김애란氏는 그것이 주인공이 상상한 응시의 눈임에 불과하다는 것을, 아무도 진심으로 관심이 없다는 것을, 단지 바코드는 기계 뿐임을 말하고 있다.

이렇게.

– "손님. 죄송하지만 삼다수나 디스는 어느 분이나 사 가시는데요." 나는 멈칫했다. 그는 여전히 나를 말갛게 쳐다보고 있었다. 내 주머니 속에는 건네지 못한 열쇠가 있었다. 열쇠를 쥔 손바닥에선 땀이 났다.

김애란氏는 편의점의 편의한 시선에 대고 다음의 메시지를 보내면서 마무리 짓는다. 그러나 그 메시지는 다시 편의한 일상으로 돌아갈 수 밖에 없는 힘없는 발화發話일 뿐이다.

– 당신이 만약 편의점에 간다면 주위를 잘 살펴라. 당신 옆의 한 여자가 편의점에서 물을 살 때, 그것은 약을 먹기 위함이며, 당신 뒤의 남자가 편의점에서 면도날을 살 때, 그것은 손을 긋기 위함이며, 당신 앞의 소년이 휴지를 살 때, 그것은 병든 노모의 밑을 닦기 위함인지도 모른다는 것을. 당신은 이따금 상기해도 좋고 아니래도 좋다. 큐마트, 세븐일레븐, 패밀리마트는 모른다. 편의점의 관심은 내가 아니라 물이다. 휴지다. 면도날이다. 그러므로 나는 편의점에 간다. 많게는 하루에 몇 번, 적게는 1주일에 한 번 정도 나는 편의점에 간다. 그러므로 그 사이, 내겐 반드시 무언가 필요해진다.

* '나는 편의점에 간다' – 김애란 소설집 〈달려라 아비〉 p.32. 2005, 창비.

+

달려라, 아비
김애란

라면볶이

VODKA
BAITA
MOGEN DAVID
CONCORD
Noble Valley

3. 대형할인점 : 철저하게 토착화 된 모던공간

대형할인점 : 철저한 셀프서비스에 의한 대량판매방식을 이용하여 시중가격보다 20~30% 싸게 판매하는 가장 일반적인 유통업체로 '종합할인점'이라고도 한다. 농수산물에서 공산품에 이르기까지 다양한 상품을 구비하여 회원제 창고업 형태와 함께 유통업체를 주도하고 있다. 신세계백화점의 'E마트', 삼성테스코의 '홈플러스', 롯데백화점의 '롯데마트' 등이 대표적인 예이다.[2)]

1) 최초로 이식된 대형할인점 코스트코 costco

1994년, 한국에 최초의 대형할인점이 들어온다. 코스트코costco라는 미국형 매장이 양평동에 들어선 것이다.[3)] 이 할인점의 매장은 당시 한국에서는 전혀 볼 수 없었던 창고같은 공간 속에서 물건들의 진열들이 이루어져 있는 매장과 통로, 그리고 계산대로 압축되는 매우 단순한 공간이었다. 또한, 이곳은 기존 여느 상점에나 있었던 점원과 고객과의 인간적 접촉이 배제된 생경한 공간이었다.

최초로 이식된 대형할인점 : 코스트코

2) 공간구문론을 이용한 대형할인점 공간구조 분석 / 이순환. 연세대 석논. 2004.
3) ibid.

2) 이마트 E-mart, 최초의 한국형 할인매장

이후, 대략 10년이 지나 드디어 국내브랜드의 매장이 탄생했으니 바로 이마트E-mart였다. 1993년 11월의 일이다. 이마트의 주인 신세계는 매우 공격적으로 매우 빠르게 소비자들에게 다가간다. 이들은 저렴한 가격과 함께 코스트코 같은 미국형 매장과는 다른 창고같지 않은 인테리어를 제공하였다. 결과는 대성공이었다.

최초의 국내브랜드 할인점 : 이마트

3) 구성요소

대형할인점이 들어서기 위해선 부지가 어느 정도의 제반 여건이 갖추어져야 한다. 그리고 그것은 주로 양적인 측면이 강화되는데, 대형할인점이야말로 일정한 규모가 전제되어야 하기 때문이다. 다음의 표는 대형할인점이 요구하는 신규부지에 대한 최소 요건이다.

출점가능지역	– 서울, 수도권 – 광역시 – 인구 10만 이상 도시
기준면적	– 부지 부지면적 : 8,262.5m² 2,500평 이상(서울은 4,957.5m² 1,500평 이상) – 연면적 또는 임차(분양)면적 매장, 기타시설면적 : 13,220m² 4,000평 이상 주차장 : 13,220m² 4,000평 이상(500대 이상)
용도지역	– 상업지역, 자연녹지, 준주거지역, 관리지역, 준공업지역
도로여건	– 왕복 4차선 이상의 도로와 한면 이상 반드시 접할 것.

[표] L사의 부지 기본여건

할인점의 공간구성요소는 다음과 같다.[4)]

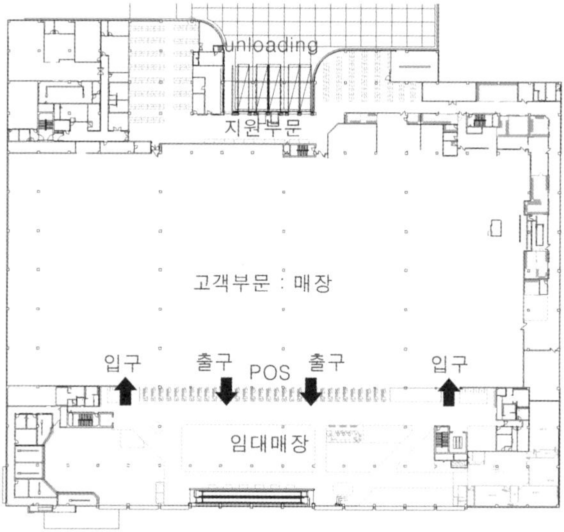

매장의 구성

4) 본 구성요소 및 제공평면은 매뉴얼화된 지침에 따라 작성된 평면의 한 예이므로 전체적으로 동일하게 적용되는 사항이 아님을 밝혀 둔다. 출처 – OOmart OO지점 – 필자제공

- 고객부문 : 매장
- 지원(서비스)부문 : 직원부문, 창고(건식, 습식)
- 공용부문 : 주차장, 코어, 화장실 및 기타

- 고객부문

고객이 면하는 매장부문으로써 이는 전체부분의 60% 이상의 면적을 점한다. 매장부분을 확대하여 살펴 보면 식품부문과 비식품으로 나뉘어 있고, 다시 식품부문은 신선과 가공, 육류와 어류, 농산물 등으로 카테고리화 되어 있다. 비식품부문은 생활필수품 및 기타 생활의 기호상품으로 구성되어 있다.[5)]

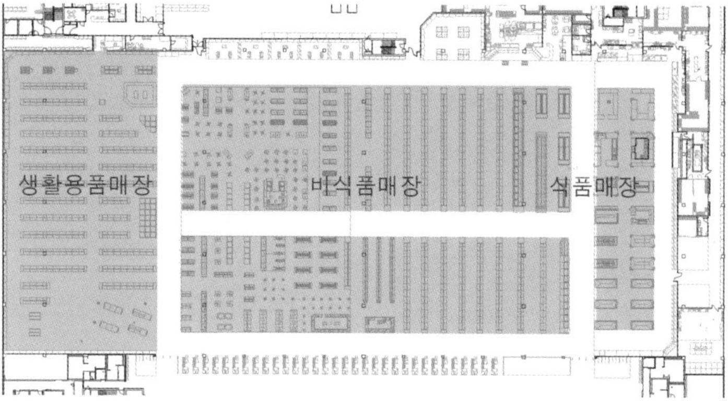

매장의 형태 : 매장별 죠닝과 도로

장방형 매장의 장변 한변으로 POS[6)]가 놓이며, 그 너머로 바로 소비자의 영역인 매장으로 진입한다. 매장은 통로와 진열대로 이루어지는데, 경험과 다양한 결과치에 근거한 상품군과 배열순서의 논리를 가지고 있다. 예를 들어, 이달은 POS 근처에 일회용품을 놓았더니 매출이 얼마나 오르더라, 다음달은 다시 이것

5) OO마트의 기준에 의하면, 가전, 컴퓨터/홈패션, 주방/가구, 홈데코/패션의류, 잡화/화장품/유아, 아동/완구/스포츠레저/가든, DIY, 자동차/문구, 사무용품으로 나뉘어져 있다.
출처 : http://www.emart.co,kr/index.jsp
6) point-of-sale

을 원위치 시켰더니 매출에 어떻게 영향을 미치더라 등. 이러한 MD의 구성은 철저한 경험에 의한 대입치에 근거해 이루어진다.

매장의 대로boulevard에서 이루어지는 이벤트

특별히, 이러한 MD의 구성법과 심리학과 연관을 지어 만들어 낸 학문의 영역을 Psychogramming이라 칭하기도 한다.[7)]

매장의 통로 또한 위계를 가지는데, 대로로서 대로boulevard의 성격이 5.0m이며, 중로로서의 성격이 2.3m에 이른다. 그것은 카트 하나의 사이즈에 근거하며, 이렇게 진열대를 바라보고 있는 2열과 카트의 전후 왕래를 수용하는 폭에 근거한다. 물론, 5.0m라는 크기를 갖는 대로에서는 다양한 이벤트들을 만들어 낼 수 있다.

– 지원(서비스)부문

매장을 지원하는 시설들로 구성된 직원부문은 할인점 면적의 30% 정도를 차지한다. 이를 통해 우리는 물품의 동선을 읽을 수가 있는데, Unloading deck–검품–창고–공급의 절차가 그것이다. 또한, 이곳에서는 신선식품류의 습식구역wet zone

7) shopping : havard reasearch, directed by Rem Koolhaas

과 공산품 위주의 건식구역dry zone으로 구분되어 창고 및 관리가 이루어지며, 또한 POS에서 입력된 데이터에 근거한 e-managing실을 따로 마련하여 검품장에 바로 인접시킨 것을 볼 수 있다.

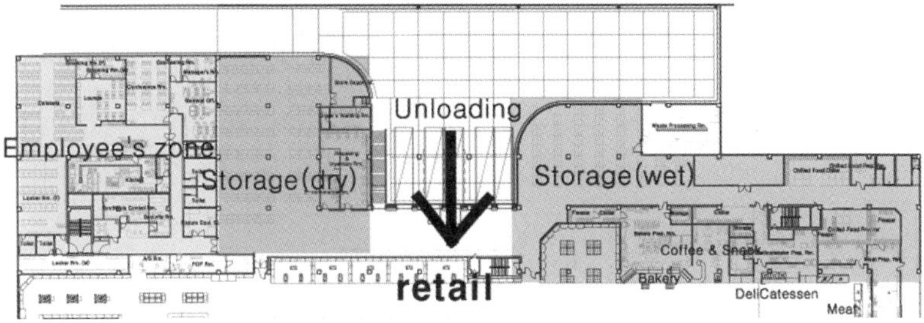

지원(서비스)부문 : 직원부문과 dry & wet zone

- 공용부문

매장과 직원부분을 제외한 나머지 부문은 수직동선 및 화장실과 같은 공용부문과 문화센터, 기타 임대공간, 그리고 주차장으로 구성된다.

먼저 수직동선을 언급하면, 가장 중요한 것은 바로 무빙워크moving walk이다. 무빙워크는 주차장과 매장을 연결시키는 실질적인 동력원이며, 이를 통해 고객들은 대단위 구매를 완성할 수 있다.

기실 초창기의 대형할인점이 고객들에게 각인될 수 있었던 것은 저렴한 물건값 뿐만이 아니라 자동차를 이용하는 쇼핑환경의 편리함도 그 역할이 크다. 이

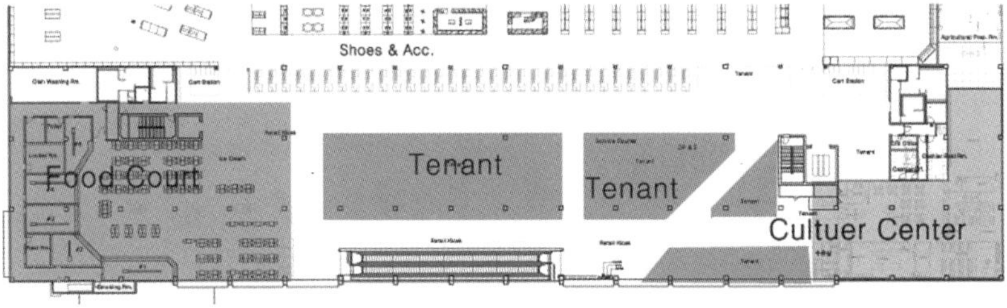

00사 할인점의 임대매장 다이어그램 : POS 바깥에 면해 임대공간이 있으며, 그 밑으로 무빙워크와 양 옆으로 푸드코트와 문화센터가 위치하고 있다.

는 역설적으로 대다수의 국내의 중산층이 자가 자동차를 소유함과 동시에, 또한 생활수준이 올라감에 따라 자연스럽게 다량의 구매력을 가지게 되어 대형할인점이 유치된 것으로 볼 수 있다.

또한, 할인점의 주차대수를 눈여겨 보아야 한다. 현재 건축법 및 건축조례에는 100~150m²당 주차대수 1대를 명시하고 있다. 그러나 이곳 할인매장은 상기한 부지요건을 보아도 최소 500대 이상을 필요로 한다. 그 수치 500대 이상은 어느 정도의 매출액을 담보하는 절대치수인 것이다.[8)]

기타의 지원시설로서 화장실이 있는데, 여느 백화점의 시설처럼 여성화장실에 유아관련 지원실들이 집중됨을 알 수 있다. 유아용 변기, baby stall 등은 기본이다.

문화센터 또한 여성을 타겟으로 한 attraction시설로서 기능한다. 이곳에서는 어린이, 청소년/교육/유아/취미/체육 등의 생활에 접한 모든 프로그램들을 지역별 특성에 맞게 운영하고 있다. 이는 자본의 지역적 기여의 측면으로도 선전될 수 있다. 여기서 1가지 주목할 점은 대부분의 프로그램들이 노년층이 아닌 청, 장년층과 유아들에 집중되어 있음을 볼 수 있다.

이는 기존의 백화점의 문화센터가 비교적 상류층을 타겟으로 하는 장, 노년층 대상시설이라면, 할인점은 도시의 변두리나 신도시지역의 소평형이 다수를 이루는 지역에 입점하는 경우가 많기 때문이다.

임대공간은 대부분 POS 앞 매장 밖에서 위치하며, 할인점의 측면에서 가장 집객력이 많은 곳을 임대함으로써 높은 임대수익을 노린다. 또한, 사업주의 측면에서도 집객력이 높은 할인점 내부에 입점을 통해 안정된 임대수익을 의도한다. 품목들 또한 대부분 할인점의 이미지를 해치지 않으면서도 매상에 영향을 받지

---

8) 필자가 제공한 본 건물의 경우 판매시설 30m²당 1대를 적용하였다. 대수 665대.(법정 139대)

무빙워크moving walk : 대형할인점에서 친숙해진 새로운 공간경험장치

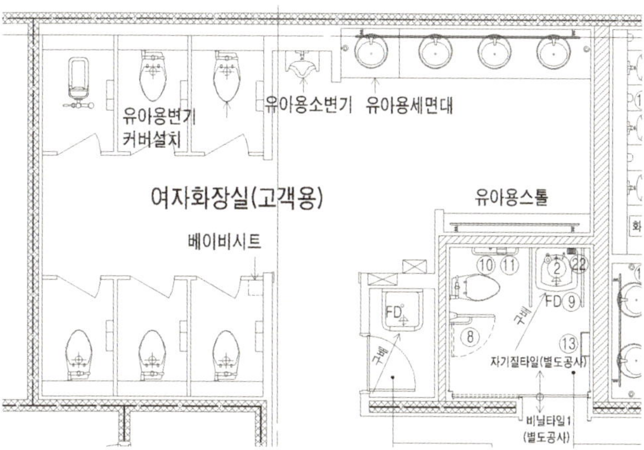

OO할인점의 여자화장실 상세도 : 유아용 관련 화장실 악세서리를 통해 할인점의 주 고객층이 30대 초, 중반의 젊은 기혼녀를 대상으로 하고 있음을 단적으로 보여 준다.

않을 근린생활시설의 프로그램들이 들어가는데 이는 대부분 할인점이 미리 정해 둔 권장용도에 따른다.

할인점의 공간유형으로는 층별, 주차장의 위치, 매장의 위치에 따라 유형을 달리 한다. 각 사들은 이 유형들에 맞추어 각자들의 표준 매뉴얼을 개발, 적용시켜 그들만의 아이덴티티를 추구한다. 그것을 정리하면 다음과 같다.

- 층별 : 단층, 다층형
- 매장의 위치 : 지상, 지하, 지상 + 지하
- 주차장의 위치 : 내부주차(건물의 상, 하부)와 외부주차(지상/공작물)

또한, 할인매장은 이러한 공간 측면의 언어 이외에 기술적, 유통적 소프트웨어의 지원을 통한 자동화를 추구한다. 이러한 자동화전략은 수동계산대에서 벌어지는 많은 흥정과 줄서기의 불편함을 일거에 사라지게 함과 동시에 또한 재고관리 및 원가절감을 통해 공급자의 관리의 편리함을 선사한다. 다음의 글은 이러한 일면을 보여 준다.

시설 측면에서 보면 매장 첨단화가 급격히 진행됐다. 보다 스마트한 셀프 매장을 만들려는 업체들의 노력으로 할인점을 이용하는 소비자들은 이제 많은 부분을 직원의 도움 없이 해결할 수 있게 됐다. 각종 키오스크나 셀프 체크아웃 시스템은 더이상 신기한 것이 아니다. 롯데마트는 지난해 서울역점에 퓨처스토어를 설치하고, 키오스크에 상품을 갖다 대면 PDP화면으로 가격정보, 위치정보, 행사정보까지 알 수 있는 RFID 시스템을 선보였다. 홈플러스는 영등포점 매장 입구에 센서를 설치, 실시간 객수를 파악해 계산대 운용 수를 달리하는 심플 체크아웃 시스템을 설치했다. 모바일 결제 시스템도 등장했다. 비접촉식 카드나 휴대폰을 단말기에 대기만 하면 바로 결재가 되고, 마일리지 적립, 각종 쿠폰 정산까지 일괄 처리돼 계산 시간을 크게 단축할 수 있다.[9)]

9) 삼성경제연구소, 김진혁의 유통이야기

4) 토착화 양상

본래 대형할인점이라는 소비공간의 유형은 미국에서 탄생하였고, 그것이 이식된 것이다. 그렇기에 탈지역주의적인 유형이 특정지역으로 이식, 성장하기 위해선 토착화의 과정이 반드시 필요하다. 특히, E마트를 위시한 국내브랜드의 마켓이 막대한 자금력을 가지고 있는 외국사들의 압력에서 살아남은 것 또한 이런 토착화의 산물이라 인정하고 있다.

먼저 E상사의 토착화 전략을 간단히 언급하고 필자의 견해로 보태고자 한다. 우선 E상사는 그들의 전략을 5가지로 분류하고 있다. 이들 면면에서 보여 지고 있는 할인점의 환경은 그야말로 철저하게 기획된 설계의 결과물이라는 것을 보여 준다.

①입지선점 '소매업은 입지산업' 이라는 모토 아래 꾸준히 입지를 선점
②MD차별화
- 기존의 생활용품과 신선식품 MD 위주에서 의류, 반 조리식품, 문화용품 등을 강화한 전생활 MD로 확대
- PB 상품을 개발하여 전 유통업체에 PB개발을 확산
- 조리식품 코너를 직영화하여 간편한 식사대용품 개발을 통해 주부의 식생활 해결

③고객 지향적 마케팅

- 창고형 매장에서 백화점 수준의 쾌적한 매장으로 상품진열대를 한국인의 체형에 맞게 낮춰 표준화
- 낮은 집기와 치밀한 상품진열로 고객이 매장을 한 눈에 볼 수 있고 친근감을 갖게 하는 고객 친화적 쇼핑환경을 조성
- 기존의 1천 룩스에서 1천3백~1천5백 룩스까지 높이고 계산시간을 최소화할 수 있도록 섹션계산대를 병행
- 패밀리 레스토랑인 E-together, 어린이 놀이방, 자전거 보관실, 시청 민원실 출장소 등의 각종 편의시설을 보강
- 판촉의 기회가 적은 업태 성격상 할인점은 소비자들의 구전에 의한 판촉이 대부분이다. 총 영수증 금액의 0.5%를 지역사회에 돌려 주는 지역단체 마일리지제, 최저가격 2배 보상제, 계산착오시 5천원 보상제, 신선식품 리콜제 등의 도입
- 지역민 위주의 인력선발, 지역 특산품의 전국 판매, 지역사회의 문화행사 지원 등의 지역사회와의 공존공영을 실천

④선진시스템

- 업계 최고의 POS시스템: 상품의 판매시점에서 단품의 재고량 및 판매액 추이를 분석하고 이를 통해 제조업체와 연결된 컴퓨터로 자동발주하는 EDI(Electric Data Interchange)시스템을 운영
- 기업간 전자상거래(B to B) 도입 : 1500여개 전 협력업체와 판매정보 공유, 납품확인서 및 세금계산서 발행까지 전 거래과정을 웹상에서 처리
- E-MART 전용 물류센터 건립 : JIT(Just In Time)상품의 공급을 위해 업계에서 유일하게 경기도 용인지역에 시작. 상품 납품에 따른 물류비용을 최소화하고 있다. 물류센터는 드라이부문과 식품부문으로 나뉜다.

⑤건축표준화

- 설계 및 자재를 표준화하고 工期를 단축
- 부지 면적별로 매장 구성 형태를 표준화. 집기와 조명, 건축 부자재를 표준화 함[10)]

10) 한국형 할인점의 성공전략 - 신세계 상업사 박물관

다음은 필자가 느끼는 토착화의 면면이다.

– 매장 내의 이벤트 스페이스 강화

할인점이 한국에서 뿌리 내리기 위해선 무엇보다도 친숙했던 시장의 분위기를 가져 오고 싶었을 것이다. 다음 사진을 비교하면 그 차이가 확연히 드러난다.

코스트코(외국형)와 이마트(한국형)의 비교

그림 왼쪽은 외국 C사의 매장이고, 오른쪽은 국내 E사의 매장이다. C사의 공간은 그야말로 창고적이다. 집적되어 있는 진열장에서 소비자들은 카테고리로 묶여 있는 MD를 따라 그대로 박스체로 물건을 사다 나른다. 별다른 호객행위와 같은 이벤트는 애초부터 배제되어 있다. 그들은 상업시설의 이벤트를 매장으로 끌어 들여올 생각을 하지 못했다. 오로지 집적을 추구하는 고밀도의 MD에 의한 경제성이 지배하는 공간이었기 때문이다. 국내 업체들과의 경쟁에서 뒤진 외국사들은 한결같이 이러한 기본적인 매장의 개념을 버리질 못했기에 그들은 짐을 쌀 수 밖에 없었을 것이다.

왼쪽의 공간을 보면, 무언가 '진열' 되어 있음을 느낄 수 있다. 소비자들은 이 꾸며진 환경에 적응하면서 그들의 발걸음을 따라 이리 저리 구경하고, 먹어 보

대표적 친 여성공간으로서의 대형할인점 : 문화센터와 놀이방

고, 입어 보고, 느껴 본다. 여기 저기서 들리는 호객행위의 목소리들. 그건 마치 남대문 시장의 그것과 흡사하다. 이들은 잘 집적, 정리된 MD환경에 이러한 남대문의 상승된 분위기를 결합시킨 것이다.

– 문화센터와 같은 엔터테인먼트 스페이스 강화

할인점이 토착화되기 위해선 상업시설을 일종의 여가공간으로 생각하는 대부분의 국내 여성고객들을 유치해야 한다는 것을 국내사들은 잘 알고 있었다. 또한, 이미 할인점끼리의 경쟁을 지나 이미 시장의 잠식력이 백화점의 그것과 싸우는 위치에 있게 된다. 다음의 표는 할인점이 서서히 백화점의 매출을 따라잡고 있는 것을 보여 준다.

구 분	2001	2002	2003	2004	2005F
할인점 (점포수)	13.9 (198)	17.4 (230)	19.5 (249)	21.4 (267)	24.4 (296)
백화점 (점포수)	16.4 (90)	17.8 (89)	17.3 (89)	16.5 (89)	17.1 (89)

*출처 : 통계청, 전망은 신세계 유통산업연구소

이렇게 확장되어 가는 할인점의 이면에는 자연스럽게 문화센터와 같은 백화점의 프로그램들이 이식된 것에 힘입은 바 크다. 이는 기존 백화점측에 보다 세련된 이미지를 위한 고급화 전략(미술관, 갤러리 등)을 추구하게 만든다.

5) 기존 시장과의 대결과 잠식

서서히 할인점의 존재는 도시의 기존 상권을 흔들기에 충분했다. 할인점에 맞서 싸우는 재래상인들의 노력은 아직까지도 이렇게 힘겨울 뿐이다. 이렇게 골리앗과의 대결은 애초부터 무모한가.

> 광주가 대형 유통업체의 춘추전국시대를 맞으면서 중소규모 유통업체의 몰락을 가져 왔다. 지난 2005년 휴업에 들어간 광산구 우산동 거평마트가 2006년 2월 등록을 취소했으며, 남구 진월동 해태유통은 킴스클럽마트로 명칭을 변경해 새로운 도약을 준비했으나 지난해 9월 끝내 문을 닫았다.
> 모기업의 부도로 경영에 어려움을 겪은 북구 유동의 나산클레프는 사실상 폐업 상태를 맞고 있으며 서구 광천동 신원도 공사가 중단된 채 수년째 흉물로 방치되어 있다. 소규모 다점포 경영으로 지역유통업체의 명맥을 이어가며 대형업체와 경쟁했던 빅마트도 자금과 영업력을 앞세운 골리앗 앞에서는 한계를 드러냈다.[11)]

그러나 이러한 대결구도는 비단 한국의 상황 뿐만이 아니었다. 철저한 미국식 상품진열과 유통구조의 위협을 인식했던 영국을 비롯한 기타 유럽의 상황들을 보면, 일정 규모의 초과금지와 절차의 난이도를 조절함으로써 할인점을 비롯한 대형 상권의 형성 자체를 막은 것을 보여 준다. 이들의 이러한 노력은 비단 할인점에만 국한되는 것은 아니다. 대형점이 소형점을 잠식할 수 밖에 없는 규모의 논리를 그들은 인식하고 있는 것이다.[12)]

또한, 이러한 양상으로 치달음으로써 국내 또한 더 이상의 양적 팽창을 힘들게 한다. 다음의 글은 그 일면을 보여 준다.

> 지난해 신규 출점 수는 38개. 적어도 업체별 계획에 따르면 올해는 이보다 조금 많은 40~45개 신규점이 선보일 계획이다. 그러나 부지를 확보해 놓고도 인허가 발목에 묶여 오픈 일정이 연기되는 경우가 다반사여서 계획대로 진행될지는 미지수다. 심지어 홈플러스 전주점의 경우 공사가 완료되고, 직원교육까지 마친 상태지만, 교통심의평가에 걸려 개점이 차일피일 미뤄지고 있다.[13)]

11) 골리앗에 무너진 '지방 유통' 뉴시스 | 2007-03-16
12) Shopping(ibid)을 보면 영국을 비롯한 대부분의 국가들이 retail에 대한 규모의 제한을 두고 있음을 알 수 있다. 벨기에 1500m², 덴마크 3000m², 핀란드 2000m², 프랑스 1000m², 독일 1200m², 아일랜드 1500m², 이태리 1500m² 등 기준을 넘으면 건축이 아예 불가능하거나 하더라도 각종 인허가로 규제하고 있다. - resistence to retail in Europe 참조. p 643.
13) 삼성경제연구소. 김진혁의 유통이야기.

6) 할인매장의 미래

이렇게 양적으로 이미 제약을 받고 있는 할인매장은 그 부가가치의 극대화를 위해 다양한 방법으로 자신을 변화시킨다. 이는 복합개발의 형태와 규모 자체의 소형화, 그리고 복합 MD의 개발 등으로 나타난다.

복합개발이란 독자적인 양상으로 할인점을 짓는 것이 아니라 다른 기존의 아니면, 신규의 업태와 복합되어 개발되는 양상이다. 이는 기존의 할인점의 성격 자체가 강력한 고객 집객의 능력을 가지고 있기에 다른 형태의 복합 리테일공간에서는 가장 환영받는 입장이기도 하다.

또한, 이젠 신규로서도 더이상의 지을 땅이 없어진 할인매장은 규모 자체를 축소시켜 출점의 기회를 얻고 있다.

> 올해 개점하는 매장 가운데 상당수가 1천평 전후의 소형할인점이 될 것으로 보인다. 대규모 신규 부지의 확보가 어려워짐에 따라 할인점 업체들이 매장의 소형화에 무게를 두고 있기 때문이다. 또한, 지방에 비해 안정적인 매출을 올릴 수 있는 서울과 수도권 지역의 점포 확대를 꾀하기 위해서다. 홈플러스 측도 올해부터는 "스탠더드형보다 규모와 상품을 압축한 콤팩트형이 늘어날 것"이라 말했고, 이마트도 "내년 초 광명시에 1155m²(3백50평) 규모의 미니 이마트 안테나샵을 열 것"이라고 밝힌 바 있다.[14]

14) ibid

이들의 다른 전략은 MD의 측면에서도 두드러지는데 바로 복합MD의 개발이다.

> 업체마다 특화 MD개발에 힘을 쏟았다. 특정 카테고리의 구색을 전문 매장수준으로 갖춰 타깃상권을 확대하려는 전략이다. 이마트의 '홈퍼니싱', '스포츠빅텐', 홈플러스의 '넘버원포키즈', 롯데마트의 '라메종', 메가마트의 '하우스데코' 등이 이에 해당한다. 특히, 메가마트의 경우 하우스데코로 운영하는 홈패션 전문매장을 올 2월 로드샵으로도 선보일 계획이다.[15)]

7) 결론

이렇게 대형할인점은 모던의 공간이 얼마나 기존의 비모던공간에게 영향을 미치고, 그것의 존립을 위태롭게 하는가를 보여 주었다. 그러나 이후 역설적으로 시장의 포화상태에 직면한 이들 또한 양적 팽창의 측면만을 추구할 수는 없는 상황에 다다르기에 이른다. 공적인 양적 규제의 요구와 기존 상권에의 반발, 또한 지가의 상승은 더 많은 대형할인점의 출현을 어렵게 만드는 장본인이다.

여기서 다시금 우리가 주목해야 할 것은 대형할인점이 가지는 토착화의 일

15) ibid

면이다. 창고형 코스트코를 지향했던 카르푸carrefour와 월마트wall-mart는 끝내 토착화의 요구에 부응하지 못하고 퇴출됐다. 이렇게 낯설고 익숙치 않은 모던이 지역적으로 뿌리 내리기 위해서는 모던이 가지는 새로움의 환상과 함께 친근함이라는 그 지역이 가지는 지역성의 이미지에 대한 철저한 부응이 선행되지 않으면 안 되는 것이다.

다음의 글은 재래시장과 할인점이 가지는 상품-공간-장소성의 차이를 논한 글이다. 균질과 비균질의 차이.

- 균질均質공간으로서의 대형할인점

공간이 균질하다는 건 하나의 영역이 가지는 그 내부공간의 분위기가 통일되어 있다는 말이다. (그림 1)을 보자. 완벽하게 동일한 천정면이 보이고, 그것에 매달려 있는 형광등 또한 한치의 오차가 없이 고르게 박혀 있다. 그리고 상품의 위치를 알려 주는 배너banner와 진열장, 그리고 그렇게 구성된 균질한 공간 안에서 외양을 드러내는 상품들. 균질한 공간 안에 들어 있는 인간은 그 공간에 대해 전혀 신경을 안 써도 된다. 이 말은 매우 의미심장한데 그러한 균질화된 공간 안에서

그림 1. OO마트

그림 2. 남대문 시장

인간은 다른 건축공간이 가져다 줄 수 있는 어떠한 환경적인 자극에 대해 반응할 수 있는 어떠한 기회도 갖지 못한다는 말이다.

그러한 균질한 공간은 상품의 진열에 매우 안성마춤인데, 넓디 넓은 천정고 3m의 평면 안에다 테일러Tayor적 동선을 투입시켜 치밀하게 계획된 MD를 구성하고 나면 그 안에서 인간은 아주 편리하게 상품이 만들어 주는 온갖 기만적 외양을 소비하고 나오면 된다. 자신이 어디에 있는지 모르지만, 이 할인매장에 있으므로 그는 안전을 보장받게 되는 또 다른 형태의 공간에 대한 인식의 발생. 이곳에서는 내가 서 있는 곳이 어딘지 알 필요가 전혀 없다. **어차피 나는 상품의 세계 안으로 들어온 만보객이며** 그 상품이 만들어 주는 여정에 참여한 후 직원에게 물어 계산대를 찾고 **비용만 지불**하면 집으로 돌아갈 수 있으니까 말이다.

(그림 2)는 좀 다르다. 전혀 균질하지가 않다. 길거리를 따라가다 보면 전혀 다른 상품들이 전혀 다른 공간들과 함께 어우러져 있다. 이곳의 상품들은 한마디로 각각의 개별공간과 결합되어 있다. 상품들과 만나는 공간들이 이렇게 균질하지

않으면 우리는 한마디로 신경을 써야 하는 일들이 많다. 지나는 길마다 길을 잃지 않으려면 자기가 왔던 길을 되새김질하며 그곳의 기억을 잠시나마 가지고 있어야 집에 갈 수 있다. 그래서 **이곳에서의 상품은 각각의 개별공간들을 품고 있다.**

이렇게 개별공간들이 내재되어 있는 상품이 내재되어 있지 않고 **공간의 기억이 탈각된 상품**과 질적으로 차이가 있는 것은 아니다. 그리고 그 둘 중에서 어느 것이 바람직한 건축 상업공간이라고 말할 수 있는 것도 아니다.

하지만 이렇게 균질화된 자본주의의 공간들은 편리와 안전, 효율성의 이름으로 우리의 도시를 **평탄화**시키고 있다.

4. 멀티샵 : 올리브 영

A. 올리브 영 Olive Young

1) 드럭 스토어[16]라는 프로그램

상업건축은 참으로 많은 업태들을 탄생시킨다.

드럭 스토어는 그 원형상이 약국이다. 그러나 우리의 관습적인 의미의 약국이 아니다. 그곳은 약사가 없다. 제조개념의 약을 팔지 않는다. 그런데 왜 드럭 스토어냐면 그건 **건강이라는 이미지를 팔기 때문**이다. 관습적인 약국이 진료의 이미지를 판다면 말이다.

그림 1. 신사동 '올리브 영'

여기서 중요한 것은 '이미지' 라는 것이다. 자본의 환등상의 마력은 건강이라는 훌륭한 화두를 놓치지 않았다. 자본주의가 후기에 치달을수록, 소비자들의 구매력이 점점 더 나아갈수록, 뷰티와 헬스에 관한 꿈은 점점 더 커지게 마련이다.

---

16) 드럭 스토어drug store : 20C 미국에서 나타난 상점의 유형으로서 기존의 약국에서 몇가지의 생필품을 판매하면서 나타난 복합형 상점

2) 기묘한 포지셔닝positioning

사실 올리브 영엔 별다르게 색다른 물건은 존재하지 않는다. 그저 화장품가게에서 파는 메이크업 종류들과 약간의 건강기호품들, 그리고 편의점에서 파는 간편한 스넥들이 전부이다. 그런데 왜 여태까지 못 보았던 것처럼 반응하는가이다. 그건 바로 리테일공간의 포지셔닝[17]이며 그 해답은 융합convergence이다. 그저 화장품이라는 것이 20~30대 여성만의 전유물이었던 시대가 이미 간 것이라는 것을 이 프로그램의 창시자는 간파했던 것이다. 고객들을 다양하게 융합시키기 위해선 아이템 역시 융합시켜야 한다. 그래서 그들은 화장품과 건강기호품과 스넥이 필요했고, 길을 가다가 음료수를 사고, 앞에 진열되어 있는 새로운 화장품을 사용해 보고, 향수를 시험해 보고 있던 여인네들은 문득 잠자리에서 쓸 콘돔을 집어들고 나오게 되는 것이다.

3) 새로운 욕망의 탄생 – 비구매 행동상품의 확장

견본품은 구매욕구를 자극시킨다. 이곳의 향수코너는 유명하다. 누구나 이 코너를 지나가면 별다른 생각 없이 냄새를 음미하게 된다. 물론, 그것은 비용이 드는 행동이 아니다. 이러한 행동들이 기억으로 침전되면, 마치 개가 종소리를 들으면 침을 흘리듯이 올리브 영을 보면 향수생각이 날 것이다. 이건 분명히 **행동을 상품화시킨 것**이다. 물론, 공짜로 제공하는 것이니 **비구매 행동–상품**이라고 해도 좋다. 마치, 캐논플라자에서 고객들이 마음껏 익서스ixus를 쪼물락거리게 하면서 결국엔 사게끔 하는 것과 비슷한 것이다. 이러한 비구매 행동상품에 의해 소비자는 상품에의 자극을 경험하게 되며 그 쾌감을 이기지 못하여 결국 필사적으로 소유를 완성하는 것이다.

---

17) 포지셔닝positioning : 소비자의 마음 속에 자사제품이나 기업을 표적시장 · 경쟁 · 기업능력과 관련하여 가장 유리한 포지션에 있도록 노력하는 과정

B. 코즈니 KOSNEY

1) 아이템의 집결

명동의 코즈니Kosney를 보면 후기 자본주의가 가지는 전형적인 판매와 구매의 구조를 볼 수 있다. 그건 바로 아이템의 집결이다. 백화점 내부의 임대공간들이 입점의 형식을 가지고 각각의 일정규모의 매장을 제공받아 임대료를 지불하면서 운영하는 것이라면 이곳 코즈니는 매장의 입점면적을 제공하는 것이 아닌 아이템의 전시만을 제공한다. 물론, 판매의 일부금액은 코즈니라는 이름의 울타리안에서 취급되어지므로 공간의 임대료 명목으로 지불된다. 자, 이렇게 각각의 브랜드의 상점식의 입점이 아닌 상품식의 입점이 이루어지면 무엇이 달라질까.

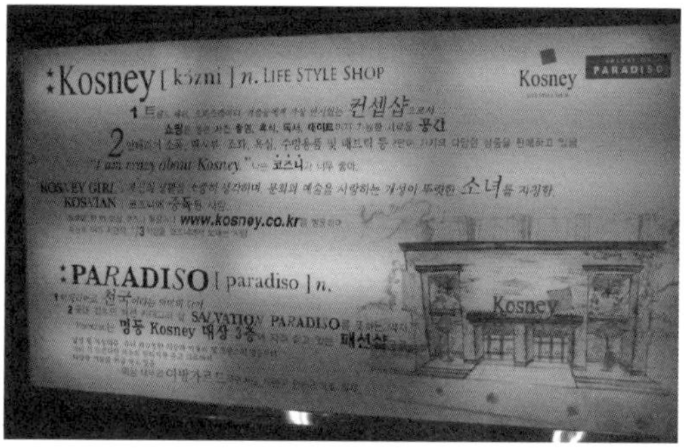

명동 '코즈니'의 지하 간판

2) 시공간의 압축 – 더욱 격해진 환등상의 제공

백화점식의 입점방식에는 정해진 매장 1구좌 안에는 그만의 일정한 아이덴티티를 가지는 1개의 브랜드가 있기 때문에 비교적 소비자는 편안한 환등상[18]을 제공받는다. 여기서 편안하다는 말이 중요하다. 편안하다는 것은 바로 소비자가 물건을 많이 만져보고 골라보고 할 수 있다는 것이며, 그럼으로써 구매의 순간을 비교

---

18) 환등상環燈像 : 판타스마고리아. 주마등 같이 변하는 광경[환상] ; 요술 환등 ; 눈의 환각. 마르크스가 처음 사용한 용어로서 상품의 기만적 외양을 지칭한다.

적 신중하게 할 수 있는 시간을 벌 수 있는 것이다. 이에 반해 아이템식의 입점은 소비자에게 보다 압축된 진열의 경험을 제공한다. **바로 눈 앞의 30cm에서 명멸하는** 상품의 종류들. 눈 앞의 30cm. 백화점의 30평이 아닌. 자연히 한 물건에서 다른 물건으로 넘어가는데 단 1초도 걸리지 않는다. 이런 격해진 환등상은 당연히 소비자에게 강하게 다가간다.

3) 통합브랜드의 이미지 상승

두 번째의 특징은 대부분의 아이템들이 소규모의 생산기반을 가진 아이디어 상품이라는 것이다. 한마디로 신기한 물건, 시중에는 보기 힘든 물건들이 많다는 것. 코즈니가 말하는 '소비자의 빈 곳을 채운다'는 의미와 일맥한다. 그리고 이러한 신선한 아이디어 상품들은 코즈니라는 브랜드에 묶여져 통합되어 나타난다. 바로 소비자들은 '코즈니에 가니까 참으로 신기한 것이 많더라'는 이미지로 각인된다. 좀 다르게 생각해 보자, 이곳에 있는 아이디어 필기구가 코즈니가 아닌 동네 문방구에 있다면 과연 그것이 팔리겠는가 하는 것이다. 브랜드가 주는 이미지는 이래서 크다.

명동 코즈니 외관

4) 토탈디자인의 추구

코즈니 매장의 인테리어 뿐만 아니라 독특한 향기와 BGM[19], 종업원들의 태도까지 코즈니가 가지고 있는 전략이 보인다. 특히, 1층의 생활용품코너로 가면 향기가 코를 찌른다. 마치 후아유who are U가 후각 마케팅을 하듯이 말이다. BGM 또한 색다르다. 1층은 매우 빠른 비트가 격해진 환등상에 불을 지르고, 지하층의 카페 및 서점은 매우 편안하다. 3층의 코즈니 형제격인 의류매장은 또 다르다.

5) 새로운 행동의 제공

1층의 샵은 생활용품들이 가득하다. 그리고 MD 자체가 매우 흥미롭다. 누가 언급했듯이 신혼집의 홈데코 상품을 팔면서 과일콘돔이 그 옆에 있다. 이러한 조그만 MD의 변경에도 소비자는 반응한다.

예쁘게 포장된 카라멜같은 과일콘돔

지하 1층은 좀 여유스럽다. 1층의 이러한 격한 환등상을 거친 소비자들은 지하로 내려와 휴식을 취할 수 있게 되어 있다. 문화센터 역할로의 서점이 있고 아예 책을 가져다 읽으라고 벤치까지 넓게 마련되어 있다. 물론, 그 앞엔 커피와 음료가 있는 것은 기본이다. 코즈니에 따르면 이곳은 오락실세대 이후의 오락실이

19) BGM : Back Ground Music

라고 자신들의 가게를 정의한다. 세상에 누가 처음에 옷가게+소품가게+문방구+약국+홈데코+커피전문점+서점을 한 곳에 만들려고 했을까. 이렇게 코즈니는 새로운 복합공간을 경험하게 해 준다.

새로운 복합공간 : 명동 코즈니 지하 1층 서점

5. 커피샵 : 자판기에서 스타벅스까지

1) 커피라는 음료

커피처럼 이미지가 붙어 다니는 음료가 있을까. 커피는 갈증해소나 맛으로만 마시는 일반 음료수와는 다르다. 그렇기에 마시는 장소가 항상 붙어 다닌다. 그건 어찌보면 '술'과도 비슷하다. '술' 또한 그렇다. 어딘가의 분위기가 괜찮은 술집과 커피집을 찾아서 현대인들은 대화하고, 웃고 떠들며 그 공간을 소비하고

coffee : 커피나무 열매의 씨를 볶아서 만든 원두나 가루를 원료로 한 음료

있는 것이다. 필자는 한 잔의 자판기 커피를 마시더라도 그 자판기가 놓여 있는 위치를 굉장히 중요시 한다. 그건 자판기 앞에는 의자가 있고, 싸구려 커피를 마시더라도 그 장소를 붙잡고 싶은 마음이 있기 때문일 것이다. 분명 커피에는 주위의 분위기를 환기시키는 공간이미지가 담겨 있음에 틀림없다.

이른바 '싸구려' 자판기커피 – 이곳에서도 장소는 만들어진다.

2) 커피를 소비하는 공간의 종류

1. 고급커피샵
2. 일반적 의미의 찻집
3. 편의점
4. 자판기
5. 키오스크
6. 테이크아웃

1에서 6으로 갈수록 커피의 질은 떨어지고, 6에서 1로 갈수록 분위기의 소비가 진작된다. 맛으로 마시는 커피에서 분위기를 마시는 커피에로의 전환. 즉, 장소의 이미지가 강화되며 그것은 판매가(價)의 상승으로 이어진다.

3) 소비방식의 유형

1. 단독소비
2. 집단소비

커피는 혼자 즐길 수도 있고, 여럿이 어울리면서 대화와 함께 즐길 수도 있는 음료이다. 그런데 혼자 즐길 때와 여럿이서 즐길 때는 그 분위기가 무척이나 다르다. 그럴 때 또한 커피의 용도가 달라진다.

혼자 마시는 것과 같이 마시는 것의 차이?

단독소비시에 커피는 **일종의 입장에 대한 댓가**의 의미가 된다. 즉, 커피의 맛을 즐길 수도 있지만, 공간에 대한 일정부분의 개인적 점유의 의미가 강하다는 의미이다. **나는 커피를 마시고 있기에 이곳에 있을 수 있으며**, 이곳에 있음으로서 나는 비교적 이 시간에 이곳에서 호젓하게 커피를 마실 수 있다는 일종의 신분적 상승감을 느끼는 것을 의도한다. 기실 이렇게 혼자 공공적 장소에 입장해서 한 두시간을 그냥 보낼 수 있는 곳이 우리 사회에서는 많지 않다. 이러한 현대인의 노마드적 욕망을 고급 커피샵들은 자극하고 있다.

집단소비시에도 커피는 입장의 댓가를 증명하는 일종의 기호로서 기능함과 동시에 집단의 공통적 매체로서 역할하게 된다. 즉, 대화 중에 공유하는 일종의 매체가 되는 것이다. 이 기능은 '술' 과 비슷하다.

4) 스타벅스 starbucks의 등장

스타벅스라는 이름이 들어 오면서 그 이름만으로 이미 이곳은 커피라는 기호품을 소비하는 가장 매력적인 장소로서 현대인에게 자리매김하고 있다. 어떻게 그들은 이럴 수 있었을까. 필자는 이렇게 해석하고자 한다. 그것은 바로 **'잘 계획된 공간 장치를 통한 행동의 상품화'** 에 기인한 것이다.

커피에 대한 상품이미지 + 후각이미지 + 공간이미지 + 시각이미지 + 청각이미지
⇒ '스타벅스를 경험하다'

행동유형을 살펴 보면, 이곳은 익명의 사람들이 단독으로 오기도 하며, 또한 실명의 사람들이 집단을 이루어 오기도 한다. 또한, 커피를 마시는 행위 자체는 비교적 정적인 행위이다. 이곳은 또한, 커피라고 하는 미디어가 있다. 그리고 비용이 요구되는 비용행동이다. 공간유형은 식음공간을 중심으로 매장이 형성되며, 이들 식음공간을 중심으로 각종 공간들이 연계되어 나타난다.

성립요건으로는 '커피를 마신다' 는 행동의 표준화가 존재하며, 수용영역으로의 매장이 있으며, 비교적 느슨한 제한된 시간이 있으며, 타인의 시선을 군중으로서 인식하는 시선이 존재한다.

타인의 시선을 느끼다, 자신을 전시하다, 그리고 그것을 욕망하다.

매장의 측면을 살펴 보면, 거리에 대면하는 창가에 단독으로 오는 익명의 객을 위한 스툴형 의자를 놓아 거리에서의 군중의 시선투사를 의도한다. 또한, 군집을 이루는 고객들을 위해 넓직한 의자와 탁자를 매장 중앙에 배치하여 공간의 점유의식을 고양시키고 있다.

이 안에서 고객들은 그들 자신이 상품화되어 전시되고, 소비되고, 그렇게 소비됨을 욕망하게 된다. 그렇게 스타벅스라는 공간은 현대인들에게 공간이미지로 인식되어 소비되고 있다.

5) 테이크아웃 커피의 유행

'테이크아웃take out' 은 매장을 필요로 하지 않는다. 그렇기에 테이크아웃은 저렴하게 고급커피를 즐길 수 있는 기회를 제공하기도 하였다. 남산공원 어느 한구석에서, 광화문거리 대로변에서, 키오스크의 형태로서 에스프레소 기기를 데려다 즉석에서 브루잉brewing을 해 주는 가게들이 주위에 참 많다. 물론, 여기에도 시선은 존재한다. 그것은 바로 용기에 있다. 그 용기의 형태와 그것에 찍혀 있는 라벨, 그리고 결합된 플라스틱 스트로우. 이들은 서로가 만나서 현대인들에게 하나의 스타일이 되기에 충분했다. 즉, 현대인들은 언제, 어느장소에서든 스타벅스 라벨이 찍힌 용기만 들고 있으면 그 용기 주위로 스타벅스의 공간이미지가 생성됨을 믿는다.

테이크아웃 커피의 디자인 = 먹는 방식에 집중하라.
뜨거운 커피를 스트로우로 먹기 = 스타일을 위해 ?

6) 던킨도넛의 아이디어

던킨도넛은 재미있다. 그들은 매우 좋은 빈 자리를 발견했다. 바로 커피 한잔을 마시면서 느끼는 약간의 허전함이었다. 그들은 손을 뻗으면 가까운 자리에 도넛을 전시했다. 바로 여기서 유명한 조합이 탄생했다. 던킨의 '유명한' 조합 : 도넛과 커피. 커피를 마시는 즐거움과 도넛을 손수 고르는 즐거움. 그리고 그것을 소비하는 즐거움. 이 빈 자리는 기존의 패스트 푸드점들과 기존의 스타벅스 같은 커피전문점들과 그 중간에 기어이 자리를 잡은 번뜩이는 하나의 아이디어였다. 그들은 이 아이디어로 현대인의 뇌리에 파고 들었고, 틈새를 찾아 들었고, 드디어 세계를 제패했다.

커피? 도넛? = 던킨~도넛

이후 후발사는 도넛의 제조과정 자체를 전시한다.(K사)

7) 그 이후는?

현대인들은 커피를 소비하는 방식을 개발함으로써 많은 업태와 업종을 탄생시켰다. 그 만큼 커피라는 기호품은 현대생활에 필수적 식품이 되었다. 다른 기호품들인 '술'과 '담배'에 비한다면 비교적 안전하며, 또한 여러 사람들이 집단으로 혹은 개인적으로도 익명성을 즐기면서도 취할 수 있는 매우 독특한 영역을 가지고 있는 기호품이다.

앞으로도 공간의 이미지를 잡기 위한 업체의 경쟁은 불을 뿜으면서 전개될 것이다. 그리고 그러한 공간의 욕구에는 문화마케팅이 매우 효과적이다. 그것 역시 영리한 스타벅스는 알고 있다. 그들의 음악을 팔고, 그들의 용기를 팔며, 그들의 엔터테인먼트 산업을 독자적으로 운영하려는 시도 또한 나오고 있다. 자 여기서. 다른 문화집단들은 주목해야 한다. 그러기에 문화집단 누구라도 커피샵 하나는 가지려 할지도 모르는 일이다.

다시 던킨의 영리함을 생각해 본다. 던킨이 도넛을 들고 나왔다면, 또 다른 누구는 무엇을 들고 나올까. 그것이 아이템이 될 수도 있고, 기획된 행동으로 전개될 수도 있다. 아무튼 커피는 이렇게 특정한 공간이 담겨 있는 독특한 기호품이다.

6. 코즈메틱샵 : 페이스샵

1) 코즈메틱샵

코즈메틱샵[20]은 많다. 현대인들의 미에 대한 욕구는 생존의 욕구가 되었다. 아름다워야 살아 남을 수 있는 세상이 도래했기 때문이다. 아름다워야 주목 받을 수 있고, 아름다워야 자신감을 가질 뿐더러 아름다워야 직장을 구할 수 있다. 그건 온갖 미디어가 만들어 내는 시선에 대해 자신을 동일시 하고픈 욕망의 발현이다.

화장품 : 신체미를 표현하는 도구

이렇게 **미에 대한 욕망을 상품화**하는 곳은 여러 곳이 있다. 페이스샵과 같은 화장품 가게에서부터 병원의 피부과, 온갖 근육자극행위를 상품화해서 판매하는 마사지샵까지. 이러한 아름다움에 대한 욕망의 최전선에 있는 화장품은 소비자의 손에 가장 근거리에 있는 공산품이다. 이러한 화장품에는 다양한 부가가치들이 들어 있고 기꺼이 이러한 부가가치를 소비자는 구입한다.

20) 코즈메틱샵 : 상업적 트랜드가 만들어 낸 신조어로서 '미beauty'를 욕망하는 소비자들에게 해당 상품을 판매하는 공간을 일컫는 말. 본 고에서는 기능성 화장품점을 말하고 있다.

2) 차별화의 포인트

사실 저가화장품 분야에서 페이스샵은 후발주자였다. 저가시장을 개척해 낸 블리딩 리스크bleeding risk[21])를 안으면서까지 선두주자였던 M사의 역주가 없었다면 페이스샵의 성공은 있을 수 없는 일이다. 초반기의 시장형성기에서 M사의 선두와 페이스샵이 후미를 이루면서 시장을 개척해 나간다.

자연주의 이미지

그때 페이스샵은 기치를 들고 나온다. 바로 **이미지의 재조정**이었다. 기존의 저가전략을 그대로 유지하면서 **자연주의**를 들고 나온 것이다. 그리고 그 자연주의는 일거에 페이스샵의 이미지 전체를 장악하는데 성공한다. 이제는 소비자들이 페이스샵의 자연주의에 대한 보살핌의 이미지를 구입하기 위해 방문하면서 그 싼 값에 더더욱 놀라게 되는 양상이 되었다.

21) 블리딩 리스크 : 업계의 선두주자가 시장을 개척하면서 겪게 되는 어려움을 통칭하는 용어

3) 직설화법과 일관성 :

이미지 = CF = 제품 = 매장 = 디스플레이 = 직원의 옷차림

자연주의 전략은 이후 대성공을 거둔다. 물론, 그것은 생산과 유통에서의 피나는 원가절감에 의한 저가정책의 유지에 그 기반이 있었지만, 판매자들은 이 상점의 이미지 하면 자연스레 떠올리는 자연의 이미지 구현에 적극 치중하게 되었고, 그리고 이러한 이미지는 직설화법으로 제시된다.

용기에서 보이는 자연주의 이미지

제품의 명칭을 보아도 이들의 일관된 상업전략이 보이는데 '트로픽 허브 뉴트리티브 에센스 스킨Tropic Neutrive essece skinTM, 아이스 플라워 하이드라 스킨Ice flower hydura skinTM, 알파인 허브 리프레쉬 스킨Alpine herb refresh skinTM, 화이트 트리 스킨 리파이너White tree skin refinerTM' 또한 용기의 디자인을 보라.

화장품은 소비자의 사전 마케팅이 매우 중요하며 그러한 사전 마케팅을 담당하는 곳이 바로 오프라인의 매장들이다. 그렇기에 그러한 실제의 소비자의 몸이 반응해야 하는 매장은 바로 **이미지의 성지**가 되어야 했다. 그리고 역시 그들은 이 임무를 직설화법으로 해결한다. 그건 순백의 공간과 그 안에 들어가 있는 나무이다. 그것은 마치 순백으로 표백된 공간과 자연을 상징하는 나무들이 있고, 그 안에 전시된 화장품 하나 하나들은 그 나무의 열매로 이미지적으로 치환된다. 또한, 이러한 일관성은 직원의 옷차림까지 연결되어 나타난다. 그야말로 토탈디자인이다.

매장에서 보이는 자연주의 이미지

7. 동대문의 방식 – '박스'의 해체

동대문시장은 1950년대 이후 광장시장, 평화시장 등 직물류를 중심으로 한 대형 도매상가의 탄생이 이어지고, 흥인, 덕운, 광희시장 등이 들어서면서 거대한 동대문 상권이 형성되었다. 1955년 개설당시 1,700여 개의 점포로 구성되었으나 현재는 26개 상가에 27,000여 점포가 상권을 형성하고 있다. 이후 시설의 낙후와 비체계적인 운영방식에서 탈피하기 위해 밀리오레, 프레야타운, 두산타워 등으로 대표되는 신상가를 개발, 오늘에 이른다. 이들 쇼핑몰의 탄생은 도매를 위주로 하는 기존의 상권에서 소매를 병행, 10대 후반부터 20대의 젊은 층을 타겟으로 한다.[22)]

1) 박스box매장 1

동대문식 박스매장[23)]이란 기존의 상가들인 광장, 평화시장 등이 가지고 있던 모듈과 평면의 크기가 새로운 건물인 밀리오레 등으로 이식될 때 나타난 전형적 동대문식 디스플레이 방식이다. 이는 약 3m의 전면폭을 가지고 3면을 파티션으로 처리, 이를 천정면 끝까지 올려, 3면의 디스플레이를 가능케 한 것이다. 물론, 그곳이 가지는 지대地代와 그것에 맞는 개발비용과 필지의 크기 등을 고려한 평면의 크기를 넘어 모듈간격과 주차장 구획의 크기까지 많은 결정변수가 있었을 것이다.

2) 박스box매장 2

이렇게 결정된 박스매장은 전형적인 형식이 있었다. 한 구좌의 개념으로 판매되는 입점방식 때문에 그들은 그 구획에 무조건 벽을 치고 그곳에 상품들을(대부분 의류이다.) 걸어 놓는 것부터 시작한다. 아마도 이렇게 걸려지는 옷은 주력 상품일 것이 분명할 것이다. 그리고 상인의 판매공간이 있고, 그 앞에 옷들을 쌓아 호객행위를 하면서 판매하는 것이 전형적인 방법이었다. 이러한 판매전략은 그들의

---

22) 동대문 상가의 패션머천다이징 시스템에 관한 연구. 김경희. 건국대 디자인대학원. 2002.
23) 이른바 '박스box'라는 말은 디스플레이 형식이 마치 박스를 펼쳐 놓은 것 같다고 해서 통칭되고 있다. – 필자 주.

마케팅 타겟이 10~30대 초반까지 호주머니 사정이 그리 좋지 못한 젊은이들이기 때문이다.

(左) 박스매장의 원조격인 동대문 재래시장
- 현재의 박스상가의 규모와 깊이, 전면폭이 결정되었다고 추론된다.
(右) 아직도 박스매장의 형태가 남아 있는 1층
- 높은 임대료로 인한 고밀도가 요구된다.

3) 박스의 해체 : 오픈매장

박스매장의 해체는 시각적 깊이를 생산하고, 걸음을 유혹한다.

그러나 현재의 신건물들은 박스 자체를 없애버렸다. 바로 구획 자체를 없애버린 것이다. 그리고 이들은 대부분의 상품들을 오픈형식으로 진열한다. 그건 소비자들에게 좀더 상품을 가까이 가서 만져보게 하는 전략이다. 접촉의 기회를 많이 주자는 것. 그만큼 상품은 많이 진열할 수는 없다. 그것은 입점가게의 대표상품만으로 한정될 것이다. 이것은 박스매장의 벽에 걸려있던 옷들이 아래로 내려 온 것이다. 자연히 호객행위도 사라졌다. 그것은 이제 동대문도 **상품 집적의 장소가 아닌 상품 진열의 장소로** 변했음을 의미한다.

4) 격해진 환등상 : 연장되는 시선+상품의 미로

이렇게 오픈된 매장에서는 박스매장의 환등상phantasmagoria을 가볍게 뛰어 넘는다. 우선 시선을 연장시킨다. 박스매장의 시선의 차단성은 미로를 만들어 버린다. 그러한 폐쇄적인 미로를 설정하고 소비자에게 호객하는 이러한 상환경은 한마디로 구태의연한 방식이 아닐 수 없다. 소비자들은 되도록 편안하게 누구의 방해를 받지 않으면서 환등상을 느끼고 싶어 하는 것이다. 이러한 귀중한 쇼핑의 시간에 판매자의 호객행위 때문에 방해받는 것은 용납될 수 없다.

그런데 이렇게 연장된 시선은 또 다른 방식의 미로가 된다. 이건 입점단위 구획으로 만들어진 건축적 구획이 아니라 진열상품들 자체가 만들어 내는 오픈된 미로이다. 이렇게 새로운 미로형식은 폐쇄된 미로형식보다 더더욱 나가기가 힘들게 된다. 그건 **집적의 디스플레이에서는 느낄 수 없었던 환등상의 압축**이 이루어졌기 때문이다. 내 눈 앞에서 느껴지는 상품들의 촉감과 시각에 다시 내 몸은 반응하기 때문이다. 오픈되어 있는 미로는 소비자에게 **쇼핑의 노동을 즐거움으로** 바꾸어 놓는다.

8. 쌈지길 : 리테일 컨베이어 벨트

1) 쌈지ssamzie라는 브랜드

필자에게 쌈지는 음악으로 다가왔다. 바로 쌈지스페이스 '바람' 이다. 1990년대 중반의 홍대 앞은 인디indie뮤직의 발원지였다. 그 시절 초창기 인디의 원류라 할 수 있는 미선이, 언니네 이발관 같은 그룹들은 소위 '춥고, 배고픈' 음악을 하면서 꿈을 키웠고, 바로 이즈음 이곳 쌈지 스페이스 바람은 마치 인디의 메카mecca처럼 여겨졌다.

쌈지싸운드페스티벌. 2006 : 해다마 열리는 이 행사를 통해 그들은 인디indie를 지원하고 육성한다. 물론, 이들의 그러한 전략은 그들의 정신을 홍보함과 동시에 자신의 브랜드–이미지–메이킹brand-image-making에 기여함은 물론이다.

그들은 그들 자체의 방송국을 가지고 있었고, 1년마다 쌈지싸운드페스티벌이라는 자체의 기획된 축제를 통해 신인과 고수를 함께 만날 수 있는 장을 마련하기도 하였다. 또한, 실력있는 인디뮤지션들을 발굴, 지원하여 전속 쌈지표 가수로 만들기도 하였다. 필자 또한, 이곳의 분위기가 좋아 하릴 없는 일요일 밤 혼자 느긋하게 차를 몰고 나와 한 두시간쯤 실컷 헤비사운드를 즐기고 갔던 기억을 가지고 있다.

어떤 분야의 이름이건, 그 이름은 어떤 특정한 이미지를 떠올리게 마련이고, 자본들은 그러한 네이밍의 위력을 익히 알고 있다. 필자의 지금까지의 기억으로 그들의 브랜드를 가지고 몇가지의 키워드로 묶어 보면 다음과 같다.

쌈지 = 젊음, 혼합, 열정, 키치, 인디, 저항?

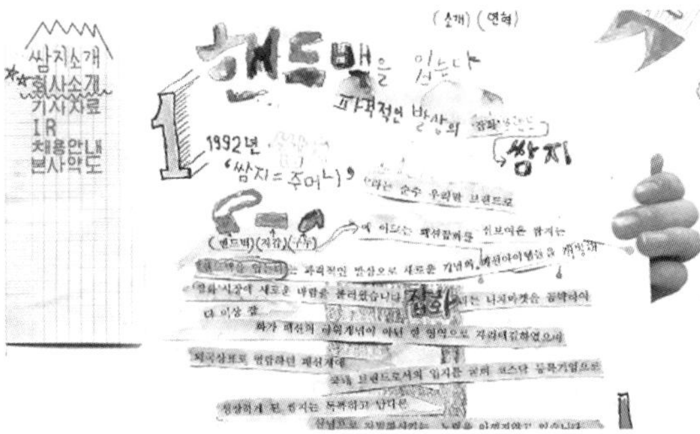

쌈지 홈페이지 : 특유의 익살을 읽을 수 있는 필체와 홈피디자인.

그들은 **젊음**의 이미지로 시작하여, 기존 세대에 대한 **저항**의 이미지까지 획득하는데 성공한다. 그러나 여기에는 아주 영리한 전략이 있다. 바로 영세한 문화생산자를 자본으로 포섭하여 활용하는 것이다. 그렇기에 그들의 상품은 분명히 젊고, 혼합적이며, 열정적이고, 인디를 지향하며, 저항의 메세지를 담으나 **가격은 결코 싸지 않다.** 마치 체게바라Ernesto Guevara라는 저항의 이미지를 이용하는 구입, 소유하려는 사람들의 욕망에서처럼 그들의 브랜드인 쌈지 또한 결코 싸지 않게 팔릴 수 있게 되었다.

2) 쌈지길의 탄생

예로부터 도심 한옥 1채가 점유하는 대지의 면적은 시간이 지남에 따라 복합개발의 장애요소로 작용하게 된다. 왜냐하면, 바로 그 1채의 대지가 바로 하나의 필지가 되어 소유의 기본단위가 되었기 때문에, 시간이 지남에 따라 상승하는 대지의 가치에 대비하여 효용을 극대화하려는 욕구와 상치되는 예가 많아졌다.

'쌈지길' 하나의 필지를 보면 조그만 필지들이 합필 개발되었음을 볼 수있다.

또한, 그러한 개발의 방해요소는 무분별한 개발에 제동을 거는 것을 목적으로 한 건축법의 개정에 의해 건폐율, 용적률이 많이 줄게 된 것 또한 원인이 되었다. 그래서 일부는 아예 재건축을 포기하기도 하였으나 대부분은 필지들을 합필, 공동개발하기에 이른다. 이른바 도심재개발이라는 말은 이렇게 오래된 소유권으로부터 기인한 개발욕구의 산물인 것이다. 쌈지길 또한 기존의 필지들을 합필, 공동 개발한 프로젝트이다. 그렇기에 이곳은 철저히 기획된 새로운 공간문맥을 창출한 곳이지 어떤 도시의 지역적 맥락을 고려한 건물이 아니다.

3) 쌈지길의 3요소

– 이질적인, 브랜드의 도시 heterogenious, brand-city

쌈지길은 매우 다양한 종류의 브랜드brand를 가지고 있으며, 마치 인디뮤지션의 그것처럼, 이곳 또한 인디아티스트들의 브랜드가 모여 있는 '브랜드시티brand-city' 이다. 대충의 아웃라인을 살펴보면 1층의 디자인문화상품, 기획매장부터 2~3층의 각종 공방, 4층의 식당으로 구성되어 있다. 각각은 개략적으로 2~3m

의 폭을 가지는 상업유닛retail unit으로 구성되어 있다. 이들 상점의 전면은 경사로 거리에 한쪽으로 전부 투시되어 매우 다양한 환등상을 제공하고 있다.

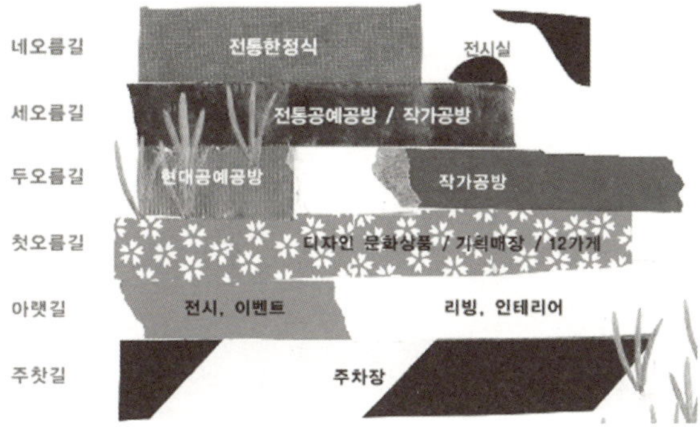

'쌈지길' 단면 다이어그램(제공 : http://insa.ssamziegil.com)

이들은 매우 다양한 생산품을 가지고 있으며, 그 중 대부분의 상품들이 바로 수공예품hand-made의 이미지를 가지는 슬로우 메뉴팩쳐slow-manufacture들이다. 본래 인사동의 상환경에서 유래된 이러한 MD는 쌈지길의 이미지가 '전통'을 전유하는데 일조하고 있으며, 또한 그러한 것을 자본-쌈지는 잘 활용하고 있다.

– 상업적 산책로promenade retail : 리테일 컨베이어 벨트retail conveyor belt

리테일 컨베이어 벨트retail conveyor belt

이곳의 경사로는 매우 경이스럽다. 그렇기에 필자는 이것을 한국상업건축에 하나의 사건이라 할 만하다고 여긴다. 대지 합필로 마련된 비교적 넓지 않은 15×20m정도의 폭을 가지고 매우 효과적이며, 매우 연속적이었으며, 아주 부드러운seamless 이동을 가능케 하였다. 흡사 **자동보행기계-에스컬레이터에 대한 아날로그적 승리**라 할 만하다. 이 라이트의 구겐하임이 갤러리의 연속적 체험을 위해 램프를 도입한 것과 같이 이곳의 연속되는 retail에 대한 체험은 지금까지의 에스컬레이터에 익숙한 도시민들에게 색다른 쇼핑의 경험을 선사한다.

자본 쌈지는 인사동이라는 도시문맥을 의식한 듯 보인다. 그림을 보면, 인사동길을 향해 이 경사로는 자신의 한쪽 면을 노출시키고 있다. 그것은 산보객에게 또 다른 도시의 해석을 가능케 하며 기존 도시의 면을 향해 비교적 다양한 입면을 가능케 하였다.

이곳은 잘 기획된 **리테일 컨베이어 벨트**retail conveyor belt이다.(물론, 자본-쌈지는 '골목길' 이라는 추억의 단어를 이미지화 시킨다.) 누구나 한번 이 벨트로 발이 담기면 나오기가 무척이나 어렵다. 왜냐하면, 이 부드러운seamless 자본-벨트는 우리에게 순차적으로 신기루를 공급해 주기 때문이다. 누구나 이렇게 공급된 환등상의 폭격에 넋을 잃는다. 그것이 판타스마고리아Phantasmagoria의 위력이다.

- '하나의 광경one spectacle', 새로운 도시-광장

이렇게 투입된 새로운 환상동선의 안쪽으로 자본에 의해 기획된 새로운 도시-광장이 존재한다. 바로 이벤트 스페이스이다. 이곳의 도시-광장은 도시-인사동의 에너지를 흡수한다. 이후 이렇게 흡수한 에너지를 노출된 입체 경사로로 위요하여 담궈 놓는 역할을 하게 된다. 이렇게 포위된 도시의 에너지는 흐름의 방향을 찾기 이전에 이 광장 안에서 소진되어 버린다. 그 원인은 바로 **군중의 시선**이다. 이렇게 한번 모이게 된 군중에 대한 존재인식은 만보객에게는 더없는 호기심의 대상이기 때문이다. **'이곳은 사람이 모인다'는 것을 보여 주는 광장**. 도시의 오픈

쌈지길 도시광장

스페이스가 도시-광장의 격으로 올라가기 위해선 단순히 사람이 모이는 곳, 모여지는 곳이 아니라 **그렇게 모인 사람들이 군중이 되어 그들 자신을 지속적으로 전시할 수 있어야 한다.** 만보객은 전시된 군중을 보러가는 것이기 때문이다. 물론, 그 원천적 에너지는 자본이 만들어 낸 판타스마고리아임에 분명하다.

4) 몇가지 생각들

이곳의 도시-광장은 분명히 자본에 전유되어 있고, 그것에 맞추어져 프로그래밍되어야 할 것이다. 여기서 조금 더 이야기를 해 본다면, 이렇게 전유된 공간이지만, 그것은 분명히 사적인 점유와 공적인 점유가 동시에 이루어질 수 있어야 하는 공간이 되어야 할 것이다. 그 말은 곧 건축의 공공성, 나아가 리테일retail의 공공성에 다름 아니다. 자본이 도시에 투입되어 소비공간을 만들 때 공공성은 가장 중요하게 고려되어야 할 사항이기 때문이다. 필자는 편의점 공간에서조차 골목길의 공공기능을 일부 수용하고 있다고 언급하였다.

또 한가지는 리테일 컨베이어 벨트retail conveyor belt에 관한 사항이다. 그것은 매우 훌륭한 다이어그램을 만들었고, 아주 성공적인 건축적 실험이었다. 그러나 이 다이어그램 자체로서만 본다면, 인사동이라는 장소와는 무관하지 않을까. (물론, 전면쪽은 인사동의 문맥을 지극히 의식하였다.) 이런 것은 어떤가, 인사동 쌈지길이 하늘을 향해 올라가는 컨베이어 벨트conveyor belt라면, 코엑스 길은 지하로 내려가는 컨베이어 벨트이다.

쌈지길 도시광장

9. 신촌역 밀리오레 : 도시의 기억과 리테일

도시를 읽을 때, 대부분은 눈높이에서 다가오는 물질과 현상, 양태에 집중하게 된다. 그렇기에 단편적인 씬Scene 위주로 도시를 해석하게 되는데 이것은 도시를 시간성의 개념으로 마치, 영화에서의 내러티브 플롯처럼 연속적 해석을 가능케 한다. 그러나 본 그림처럼 일정 높이의 상공에서 조망했을 때, 도시는 주변환경의 문맥context을 제공했다. 이는 마치 눈높이의 시야에서 드러나지 않았던 힘의 흐름들과 결정인자들이 비로소 독자의 눈에 나타난다고 할 수 있다. 인터넷포털 구글google의 지리서비스 구글 어스google earth는 단 몇 번의 클릭click으로 우리의 실존환경을 바라보는 조망의 시야를 획득하게 해 준다.

이렇게 얻게 된 조망의 기회는 신촌역 밀리오레에 대해 필자로 하여금 3개의 해석의 틀을 제공하였다.

1) 완전한 'edge' : 상업과 교육

본래 'edge' 라는 용어는 케빈 린치의 저서 'image of city' 에서 도시경관을 규정하는 말 중의 하나이다. 그것은 경계, 한계와 같은 의미이다. 그래서 큰 강이나, 산 같은 자연적 지형물로부터 고속도로, 기차역 등과 같은 인공구조물까지 도시

케빈 린치의 Edge의 의미 : 신촌 기찻길로 인한 전면의 도시(상업)와 후면의 도시(교육)의 분위기의 급변 또는 불일치

의 어떤 큰 흐름이나 인위적 움직임들을 막고 있는 장애물로서 이루어진 경관을 일컫는 말이다.

이곳, 신촌역 밀리오레 일대는 그 edge의 의미를 여실히 보여 준다. 북쪽의 이화여대와 연세대로 이루어진 교육지역과 남쪽의 번잡한 상업지역이 기찻길이라는 아주 오래된 인공구조물에 의해 철저히 구분되고 있다. 특히, 남쪽은 신촌거리부터 발현된 상업의 지류들이 모여 일종의 상업웅덩이 형태를 지녔는데 그것이 바로 구 신촌역광장이다. 즉, 상업의 길을 따라 그 분위기에 취해 가다 보면, 자그마한 신촌역이 다소곳이 자리 잡고 있었다는 이야기가 된다. 반면, 후면의 대학지역은 전면 상업과는 전혀 무관한 조용한 교육공간의 분위기를 보여 준다.

그런데 이러한 기찻길을 통한 인위적인 단절도 인간 통행의 의지를 완전히 막지는 못했음을 볼 수 있다. 소위 '개구멍' 들이 그것이다. 근대화시기 이후 설립된 기찻길지역에는 강요된 단절을 극복하기 위한 이러한 둔덕개구부들을 쉽게 찾아볼 수 있다. 물론, 선로 상부에 다리를 만드는 것 보다는 이렇게 지하로 구멍을 파서 길을 만들어 연결시키는 것이 훨씬 저렴하기도 하였기 때문일 것이다. 또한,

기존 연결통로('개구멍')와 그 주변의 선술집

이렇게 형성된 개구부를 통해 통행하면서 시민들은 목이라도 축였는지 그 주위에 선술집으로 쓰였던 건물들이 눈에 들어온다. 이러한 실존공간들의 존재를 통해 edge를 통과한다는 것은 서로 다른 구역들을 넘나드는 도시공간경험을 제공하였음을 암시한다. 물론, 조만간 이 풍경도 사라질 것이다. 자본의 논리 앞에서는 모든 축적된 기억들과 계산 불가능한 공간감 같은건 부수적인 것일 따름이기에 계산이 안되는 것들은 모던화의 대상이 되지 못하기에 말이다.

이제 자본은 이런식의 소극적 연결을 넘어 적극적인 그야말로 인공플랫폼을 기획한다. 이젠 이런식의 개구멍통로가 아니라 근사한 에스컬레이터의 편안함에 몸을 맞기면 되는 것이다. 이렇게 자본과 기술이 결합되어 나타난 풍경은 인간의 기존 공간경험의 변화를 넘어 그것에 적응해 가는 **새로운 몸을 만들어 내는 것**이다.

그런데 이러한 극적인 edge를 통과하는데 굳이 이렇게 안이하게 인공플랫폼+브릿지bridge방식의 천편일률적인 방법 밖에는 없었을까 생각해 본다. 물론, 이 공간을 통해 역사건물과 상업건물의 구분도 명확해지고 단거리의 보행환경을 만들어 주었지만 기왕 도시민들에게 선사할 이 공간을 좀더 적극적 공간연출을 해보았으면 어땠을까. JR교토역사까지는 아니더라도 기왕 상업을 맞이할 것을

신설 연결통로의 모습

좀더 접촉의 면을 넓혀 주었다든가 아니면 슬라브 오픈을 통해 밑의 철로의 환경 개선과 동시에 좀더 다양한 시선을 제공할 수 있지 않았을까?

2) 다시 언급되는 올드 앤 뉴 Old & New : 좀더 연출이 필요한 것은 아닐까?

외피는 모두 은빛이다. 우리의 새로운 역사들은 대부분 이렇게 은빛 알루미늄을

도시에 제공하는 은빛투성이 – 입면들

뒤집어 쓰고 있다. 서울역, 용산역, 부산역, 광주역, 하나같이 은빛의 기름기 냄새 물씬 풍기는 알루미늄이다. 이 재료는 내재에너지(제품 하나를 생산하는데 필요한 동력, 인력, 자연력 일체)가 가장 높은 재료이다. 필자도 물론 가공이 쉽고, 철처럼 부식되지 않으며, 가볍고, 값도 비교적 싼 편이니 신건물에 이 만한 재료도 없다는 것을 잘 알고 있다. 그래도 이곳처럼 철도역사와 상업건물이 분리되어 있는 곳이라면 아예 재료부터 상업과 교통이 시설별로 구분되어 갈 수 있었지 않았나 생각해 본다.

두 번째로 상업의 매스이다. 특히, 왼편의 그림은 신촌역으로 오는 사람들에게는 얼굴과도 같은 입면이다. 그런데 그 쪽으로 주차장과 공조실 루버가 설치되어 있다. 설계 당시 도면만 보지 말고, 신촌로터리에서 들어 오는 분명한 도시의 흐름을 인지하고 있었다면, 분명히 무언가의 처리를 하지 않았을까 싶다. 본래 알미늄이라는 재료는 매우 차가운 느낌을 가지고 있는 재료이다. 규격화되는 줄눈의 크기가 15mm에 달하고, 또한 장척의 판넬이 붙기 때문에 이 4~5층 정도의 건물에 사용하기에는 조금 성긴 재료가 될것이다. 또한, 알미늄은 조그마한 디테일이 붙기엔 참으로 안 어울리는 재료이기도 하다. 여기에 박스 형태의 매스감이

좌우가 뒤바뀐 구 신촌역사

더해져 신촌로타리에서부터 흘러 내려오는 도시의 에너지를 맞이하기에는 너무나 표정없는 건물이 되어 버린다.

구 신촌역사의 좌우가 바뀐 것은 매우 유명한 일이다. 건물 자체를 들어 올려 복원하기에는 애초에 예산이 문제가 되고 부득불, 중심공간으로의 포치부분을 남기고 윙부분을 반대로 붙여 재생시켰다. 그나마 이 정도라도 없어지지 않은 것에 만족해야 할까.

문제는 아무튼 지금의 구 신촌역사는 옛 기억을 고스란히 상실한 채 신생건물의 앞에서 아무 계획없이 그냥 놓여져 있다. 본래부터 자본은 옛 것에 대한 고려를 전혀 하지 않았으니 어찌보면 자연스러운 일이기도 하다. 오히려, 계획 초기부터 신촌역사에 대한 보전을 전제로 하고, 연결플랫폼 부분까지를 고려했다면, 좀더 연출된 공간과 시야가 도시민들에게 전해지지 않았을까.

넘어가서. 먼저 1층에 대해 언급하면, 먼저 평면의 두께, 즉 공간의 깊이가 매우 얇다. 그렇기에 바람직한 리테일 평면을 만들어 내지 못했다. 종적으로는 단 2개의 켜도 만들어 내지 못했다. 이렇게 얇은 공간에 굳이 부족한 리테일을 채워넣기 보다 오히려, 이러한 공간을 **시민들의 응접실** 개념을 도입했다면 어땠을까.

상업공간 1층, 에스컬레이터의 인테리어

신촌역 광장에서의 흐름을 그래도 투영, 반영하는 시민휴게실 개념. 물론, 그 임대료 비싼 공간을 휴게실 같은 공적 공간으로 만들자는 이야기를 하는 것이 아니다. 단지, 이렇게 광장측의 좋은 뷰view를 전부 막아 단절시키는 우를 범하지 말고, 다른 모든 MD를 배제하고, 전면이 선사하는 도시의 에너지를 흡수할 수 있게 확 트인, 주로 쉬고 먹는 위주의 MD를 했다면 어땠을까를 생각해 본다. 커피샵과 작은 서점, 그리고 고급 패스트푸드 같은 프로그램은 매우 어울리지 않았을까. 그렇게 전면의 광장의 에너지를 잘 흡수한다면, 건물 전체의 활력에도 크게 도움이 되지 않았을까를 생각해 본다.

오른편의 그림은 에스컬리에터의 인테리어이다. 한층의 평면의 면적이 작다 보니 여느 건물들처럼 오픈시켜 일정한 크기의 스펙터클을 만들 수 있는 여유가 없었다. 그래서 이렇게 에스컬레이터 부분이라도 좀 다른 인테리어를 연출하려 한 노력이 보이는 것이다. 마지막으로 기억에 대해 살펴 보자.

3) 기억 : 백마로 출발하는 기차

이곳은 예로부터 백마로 가는 출발지였다. 백마는 80년대 후반, 일상의 스트레스

역사 안쪽의 과거와 현재

를 날리러 짧은 여행을 원하는 젊은이들에게는 안성맞춤의 공간이었다. 기나긴 철도레일의 기억과 그 옆을 따라 친구와 어깨동무하며 산책했던 기억은 아직도 필자의 뇌리에 남아있다. 그러나 지금 그러한 것은 활력을 잃었다. 밀리오레가 들어오기 전의 예전의 신촌역에는 이렇게 극심한 상업이 판을 치는 남쪽면으로 부터 표를 끊어 선로의 안쪽으로 들어오면, 이렇게 역사 특유의 고즈넉함을 느낄수 있었다. 오른편 사진과의 가장 큰 차이는 바로 그 풍경이 있고 없고의 차이가 될 것이다.

분명히 이곳의 공간은 잠시 머무는 곳이다. 즉, 거주하는 공간도 아니며 어떤 중요한 행위가 일어나는 공간은 더더욱 아니다. 그러나 도시민들이 가지고 있는 구 신촌역에 대한 축적된 기억은 매우 소중한 것이다. 기왕에 신촌역을 보존하기로 했다면, 하다못해 대합실 같은 공간으로라도 쓰임새를 주었다면 어땠을까 생각해 본다. 관계기관들에서는 이 구 신촌역사를 조그마한 전시공간 같은 것으로 활용한다고 하는데, 오히려 그러한 다른 프로그램을 이식하는 것도 좋지만, 기존의 풍경을 기억하고 있는 도시민들을 위해 조금이라도 공간의 기억을 유지시켜 주는 것이 어떨까 하는 것이다. 이렇게 **유지된 기억은 집단적 무의식을 생산**하고, 그러한 서로의 무의식들이 축적될 때 도시에서의 실존은 이루어지기 때문이다. 건축물과 물리적 실체로서의 도시는 그러한 기억이라는 집단무의식을 머금고 있을 때, **도시민의 실존을 인식시키는 방향타**가 될 수 있다. 다음의 그림은 필자의 안타까움을 잘 보여 주고 있다.

거대구조물 하부에 있는 선로에서 본 옛 역사의 모습

Bigness

10. 테크노마트 : 최초의 빅니스

A. 크다는 것

크다는 것 Bigness[24)] 또는 큰 것의 문제 the problem of large

1) 큰 것의 문제 problem

어떠한 정도의 크기를 넘어서면, 건축은 분명히 여러 가지 문제에 직면하게 된다. 크기에 대해서 생각할 때 가장 손쉬운 방법은 마치 산을 타는 등산가가 '산이 있기에 오르는 것이다' 라고 일단 존재를 인정하고 들어가는 것이다. 결국, 빅니스는 오르기 힘든 산을 오르는 것과 같은 극한의 건축이기 때문이다.[25)]

빅니스 = '산에 오르다'

24) 본 고는 빅니스에 대한 이해를 돕고자 필자가 렘 콜하스의 'S, M, X, L' 중 'Bigness' 부분을 발췌, 요약한 것입니다. 그는 이 글에서 '빅니스'에 대해 은유적이지만 매우 날카로운 정의를 내리고 있습니다. – 필자 주

25) Bigness is ultimate architecture. – ibid.

빅니스는 항상 소멸의 이미지를 가지고 있다. 마치 공룡이 그랬던 것처럼 그것은 멍청하고clumsiness, 느리며slowness, 융통성이 없고inflexibility, 민첩하지 못한 것difficulty이다. 그러나 사실은 빅니스만이 복잡의 제국regime of complexity을 촉발instigate시킬 수 있다. 그것은 건축과 그 관련 분야의 완전한 재능이 발휘되는 곳이다.

빅니스 = '공룡'

100년 전, 기술의 지원에 힘입은 개념적인 돌파conceptual breakthrough가 있었고, 그것은 건축의 멈출 수 없는 빅뱅을 야기했다. 불규칙한 동선randomizing circulation, 근거리 순회, 인공화된 내부, 그리고 시공능력의 향상, 엘리베이터, 전기, 에어컨디셔닝, 철, 그리고 마지막으로 다른 종류의 건축의 종족에서 기인된 변환mutations들로 구성된 새로운 하부구조infrastructure가 그것이었다. 이러한 발명들의 결과들이 연계되면서 구조물은 높아지고, 깊어진다taller&deeper. 그것은 커진다bigger는 것이다. 그리고 그것은 새로운 사회의 재구성reorganization of the social world과 동시에 이루어진다. 즉, 그것은 방대하고 풍부한 재프로그래밍작업programmation이었다.

2) 공리 theorems

정신착란의 뉴욕[26]에서 빅니스의 이론은 5개의 공리를 담고 있다.

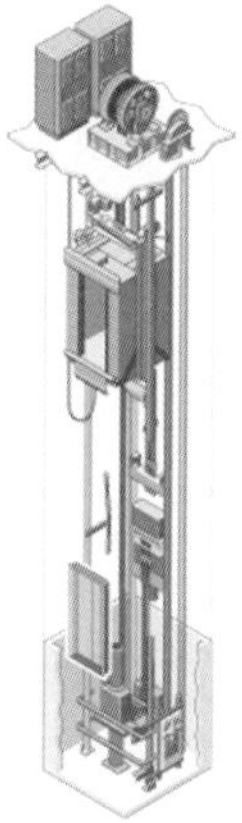

빅니스 = '엘리베이터'

- 어떠한 정해진 매스의 크기를 넘어서면 빌딩은 '큰 빌딩 big building'이 된다. 이러한 매스는 하나의 건축적인 제스쳐로서는 통제할 수 없다. 이러한 불가능성은 각각의 부분들의 자율성, 독립성에서 기인하는데 그것은 또한 그렇다고 부분적으로 쪼개짐을 의미하지 않는다. 각각의 부분들은 전체에 기여해야 하는 것이다.

- 엘리베이터(그것은 건축적인 연결 보다는 기계적인 연결을 이루어 내는 장치로서의)와 그것과 비슷한 수직, 수평 운송장치들은 지금까지의 고전적인 건축의 레퍼토리를 무효화시킨다. 구성, 비례의 문제, 크기의 문제, 디테일 등의 문제들은 의미를 상실한다. 건축의 예술성은 빅니스에서는 무용지물이다.

빅니스 = '피막'

26) Delirious NewYork, Rem Koolhaas.

- 빅니스에서는 코어와 피막의 거리가 증가할수록 더 이상 파사드의 문제는 내부의 상황과 점점 무관해진다. 정직한 표현에 관한 인간적인 기대는 여지없이 사라진다. 내부와 외부의 건축은 점점 독립적인 프로젝트가 된다. 내부가 **프로그래밍화된 도상화된 요구**를 다룬다면, 외부는 도시에서의 **영롱한 오브제성을 획득하는 것**에 초점을 맞춘다. 건축이 표현해 내는 것이라면, 빅니스는 눈속임인 것이다.[27] 빅니스는 도시를 예측 가능성의 집합으로부터 미스테리의 집합으로 바꿔 놓는다. **'당신이 보는 것은 더 이상 당신이 생각하는 것이 아니다'**는 말이다.
- 단지 크기는 좋음과 나쁨의 문제를 넘어선다beyond good or bad. 그것은 건축이 도덕영역 밖으로 이동한 것이다enter an amoral domain. 그것의 충격은 그것의 질과 무관하다.

빅니스 = 'Fuck'

- 모두 함께, 만들어 가는 격파. 스케일의 문제, 건축적 구성, 전통, 투명성, 미학, 그리고 궁극의 파괴로서 이루어지는 도시의 조직. 그것은 존재하는 것만으로

27) where archi reveals, Bigness perplexes. – ibid.

그것은 공존한다.[28] 그것의 내재적 메시지는 컨텍스트를 '엿' 먹이는 것이다.[29]

3) 2가지 논쟁

빅니스는 2가지의 논쟁이 있다. 통합과 집중, 그리고 사라짐이다.

빅니스는 풍부한 혼돈의 오케스트라이다. 이러한 해체와 시끌법적한 무질서의 풍경 속에서, 각각의 행동은 자리를 잡아간다. 빅니스 안에서 가능했던 이러한 프로그램의 혼합, 찢기, 오버랩, 병치들은 사실상 완전한 몽타쥬의 형상이다. 그것은 세기 초에 발명된 독립적 부분들의 관계를 구축하는 것인데 현학적이며, 완고한 현대의 아방가르드까지 절대 실현될 수 없었던 것이다.

빅니스 = '혼돈의 오케스트라'

빅니스는 물리적 실체로부터 도망친다[disapper]. 그것은 빅니스의 질문을 거슬러 올라간다. 왜냐하면, 빅니스는 덩어리의 현존[massive presence]이기 때문이다. 도망침은 가상과 비존재의 결합에 관한 이야기이다.[30]

---

28) It exist : at most, it coexist. – ibid.
29) It's subtext fuck context. – ibid.
30) engagement with simulation, virtuality, nonexistence. – ibid.

60년대부터 미국의 사회학자, 이데올로기 학자들, 철학자들, 그리고 프랑스의 지성들과 가상과학자들로부터 주장된 것이 있는데 그것은 바로 건축이야말로 첫 번째의 공기로 사라지는 고체[31]라는 것이다. 그리고 그것은 여러 가지 시각적인 장치들과 전기장치, 그리고 미디어, 속도, 경제, 레저, 신의 죽음, 책, 전화, 팩스, 민주정치 그리고 마지막으로 거대이론들의 결합에 의해서 이루어진다고 언술한다.

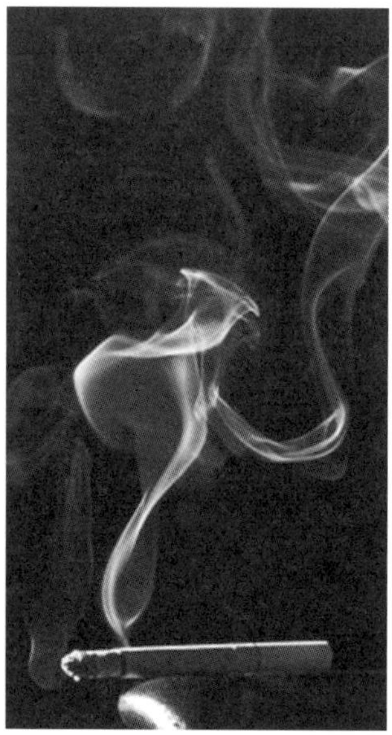

빅니스 = '첫번째로 공기로 사라지는...'

빅니스는 이렇게 은유된다. 너무 크고 다양하기 때문에 전체로서의 건축을 볼 수 없다는 말이다. 우리가 보는 것은 단지 그것을 해석할 수 있는 실마리를 통해 단편만을 보는 것이다. 그것은 도시를 해석하는 것과 같다.

31) First solid that melts into the air – ibid.

4) 시작 beginning

빅니스 = '파괴한다'

빅니스는 파괴한다. 그러나 새롭게 시작하는 것이다. 그것은 부셔져야만 다시 재구성할 수 있는 것이다. 단지, 빅니스만이 하나의 컨테이너 안에서 행위의 다양한 조합을 담아낼 수 있다. 그것은 각각의 독립과 상호작용을 하나의 큰 전체 안에서 공생하게 만들어 줄 수 있다. 공생은 하나의 전체로 고착화되는 것이 물론 아니다. 순수 보다는 오염, 그리고 질보다는 양을 통해서, 단지 빅니스만이 새로운 기능요소들을 조합할 수 있으며, 그들 자신들의 한계를 뛰어 넘을 수 있게 한다. 이러한 빅니스의 인공성과 복잡성은 그것의 기능을 방어적인 갑옷으로부터 액화상태로from its defensive armor to a kind of liquefaction 바꿔 놓는다. 프로그램적인 요소들은 각각의 새로운 이벤트를 만들어 낸다.- 빅니스는 다시 프로그램의 연금술의 모델인 것이다.

먼저, 행위는 빅니스의 구조 안으로 융합을 요구하면서 집적된다. 그러나 빅니스는 항상 그것을 떨어뜨려 놓는다. 마치 핵융합의 플루토늄이 그것을 조절하고, 촉발시키듯이 빅니스는 프로그램의 조합의 강도를 조절한다.

프로그램에 있어서 빅니스는 매우 부드럽고 온화하다. 전체를 총괄하는 하나의 의지를 가지고 조절하는 것이 불가능하다는 것을 알기 때문이다. 그 엄청난 크기는 건축의 결정의지를 끊임없이 무력화시킨다.

빅니스 = '용광로'

5) 팀 team

빅니스는 가장 건축적임과 동시에 가장 비건축적인 곳에서 나타난다. : 가장 건축적인 것은 그것이 엄청 크다는 것이고, 가장 비건축적인 것은 그것이 하나의 지배를 받지 않는다는 것이다.-그것은 다른 힘들의 도구instument of other forces이며, 그것에 의존한다.

빅니스는 비개인적이다. : 그렇기 때문에 건축가는 더 이상 스타덤에 죄의식을 가질 필요는 없다. 빅니스의 작업은 팀 작업을 요구한다. 빅니스는 기술자에게, 그리고 엔지니어에게, 그리고 계약자에게, 그리고 공장 자본가에게, 그리고 정치가에게 자리를 양보한다. 그것은 건축가에게는 영웅 이후post-heroic의 입지를 요구한다.

6) 성채bastion

빅니스 = '성채'

만약 빅니스가 건축으로 변한다면, 그것의 집적은 새로운 종류의 도시를 촉발한다. 건축의 외양은 이제 더 이상 그것이 무엇이 일어나는지 말해 주는 극장이 아니다. 거리는 잔여물residue 또는 조직을 일으키는 장치, 또는 단지 도시의 연속평면의 조각에 불과하다. 그 조각은 옛날의 향수와 새 것의 장치가 불편하게 떨어져 있다. 빅니스는 고전적인 도시만이 아닌 그것의 양과 시설의 다양성과도 관계를 맺지 못한다. 그것은 그 자체로 도시가 된다.

빅니스는 더 이상 도시가 필요없다. : 그것은 이미 도시와 경쟁한다compete. : 그것은 도시를 대변한다represent. : 그것은 도시를 선점한다preempt.

7) 빅니스 = 도시 vs 건축

빅니스는 컨텍스트와는 독립적으로 살아 남아야 하는 건축이다. 그것은 주어진 조건을 마지막 남은 단 하나의 물방울 만큼도 수용하지 않는다. 결국, 그것은 그 자체만으로 구축된 마을이다.

빅니스는 건축의 마지막 요새이다. 그것은 수축counteraction이며, 초hyper-건축이다. 그것은 융통성 없고, 상호적이지 않으며, 이미 그 자체로서 결정되어 있다. 빅니스는 장소를 건축 이후로 넘겨 준다.[32)]

빅니스 = 필자가 설계에 참여했던 신도림TM

32) Bigness surrenders the field to after-architecture. - ibid.

B. 자본의 전략

빅니스 = 필자가 설계에 참여했던 신도림TM

1) 소비공간과 자본

자본은 다양한 방법으로 소비공간을 만들어 낸다. 길 위에서 마주치는 포장마차부터 담배와 사탕, 복권을 팔고 버스카드를 충전시켜 주는 키오스크까지. 또한, 자본은 구멍가게라는 집 앞의 조그만 상점들을 편의점이라는 이름으로, 또 재래시장이라고 하는 웃고, 떠들고, 모이는 장터를 할인마트라는 대형점으로 포섭하였다. 이렇듯 자본은 각각의 규모별로 그러한 공간들을 기호화시켰고, 코드화시켰으며, 또한 그렇게 함으로써 보다 용이한 인간포섭을 가능케 했다.

2) 복합쇼핑몰 = 크다 + 이질적이다 + 주제가 있다

복합쇼핑몰은 한마디로 자본이 행하는 이윤추구 극대화의 산물이다. 그리고 그렇기 위해선 복합쇼핑몰은 몇가지의 특성을 가지게 된다. 우선 이것은 거대하다big. 거대함, 즉 빅니스bigness는 건축과 도시 사이에서 또 다른 영역을 만들어 낸다. 그것은 건축도 아니고, 도시도 아니다. 그것은 한마디로 신기루이며 환등상의 궁전이다. 둘째, 이질적인 프로그램들이 서로 맞부딛히며 충돌하고, 이식되어지며, 공생한다. 한마디로 이질적인 것들이 모여 있다.

셋째, 그러한 이질성들이 집적되기 위해선 문장의 주제, 어느 정도의 일관된 이야기, 즉 테마theme를 필요로 하게 된다. 여기서 말하는 테마는 꼭 '테마파크' 할 때의 테마 같은 그런 말이 아니다. 오히려 그것은 브랜드brand에 가깝다.

3) 테크노마트의 위상

테크노마트는 쇼핑몰이며 대표적인 복합상가이다. 이곳의 구성은 이렇다. 전자전문점이라는 **양판점**category killer+할인마트와 잡화매장으로 구성된 **생활매장부분**+멀티플렉스와 이벤트홀+체력단련시설로 구성된 **엔터테인먼트부분**+식당가와 근생 등의 상주인구를 지원하는 **근린생활부분** + 고정된 상주인구를 제공하는 **사무동부분**으로 구성된다.

가장 큰 면적을 차지하는 양판점은 그야말로 테크노마트의 주 기능이다. 전자양판점을 중심으로 각기 다른 소비공간들이 집적되어 나타난다. 이러한 간판상점, 즉, 메인기능이 무엇이냐 하는 것은 매우 중요하다. 롯데월드처럼 테마파크가 될 수도 있고, 록봉기힐스 같이 모리타워의 사무동이 될 수도 있다. 이처럼 각각의 초대형 쇼핑몰은 그 나름대로 메인기능을 별도로 가지고 있으며, 아이파크몰이나 센트럴시티 같이 복수의 주 기능을 가질 수 있다.

4) 샤워, 분수

누구나 한 번쯤 시행하는 사람들을 만나 본 사람치고 샤워, 분수효과를 안 들어본 사람은 없을 것이다. 말 그대로 샤워는 위에 있는 키테넌트Key-tenent[33]가 군중을 뿌려 준다는 것이고, 분수는 아래에 있는 키테넌트가 군중을 올려 준다는 의미이다. 이 말에서 바로 유래가 되었는지는 모르지만, 공식화된 일대일 대응이 탄생했다. 그건 아주 상투적이다. 영화관에서 샤워를 하고, 할인매장에서 분수를 가동시킨다는 이야기. 이 이야기는 실무경험상에서 몇 번을 들었는지 모를 정도로 많이 들었다. 이 말은 한 번 가 보면 더 쉽게 이해할 수 있다. **지하철에서 영화관까지가 얼마나 멀게 느껴지는지** 말이다. 이렇게 만들어지고, 기획되어진 공간환경은 그것에 사람들을 **길들이게** 한다.

---

33) 키테넌트Key-tenen : 영화관과 푸드코트 같이 대규모의 집객능력이 있는 상업인 대단위를 가르킨다. – 필자 주

5) 단면의 죠닝

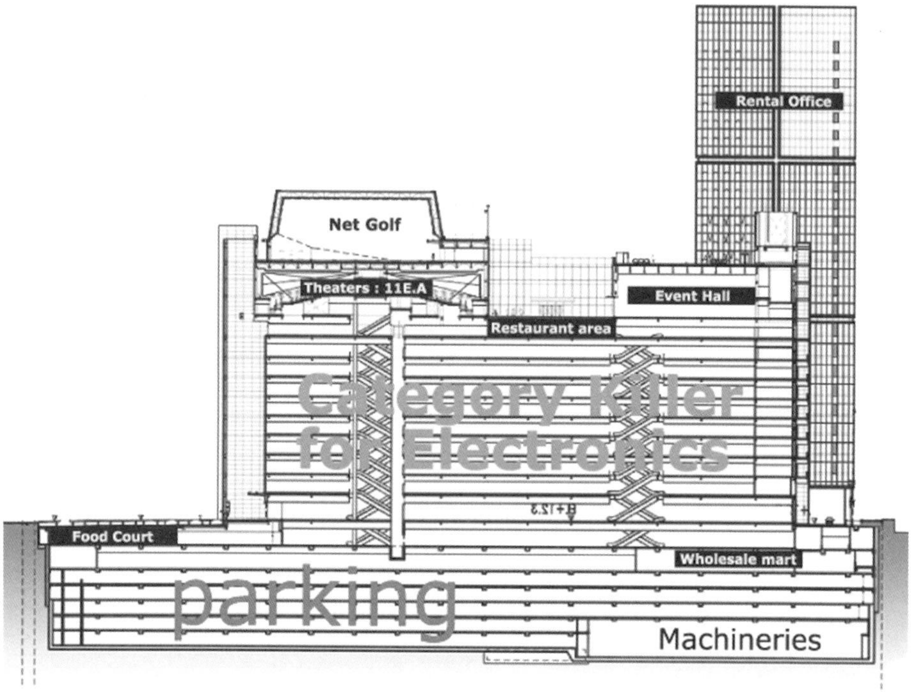

- 지하 3~6층의 주차장
- 지하 2층 : 할인마트, 주차장
- 지하 1층 : 생활매장, 푸드코트, 지하철 연결통로
- 지상 1층 : 생활매장
- 지상 2~8층 : 전자양판 카테고리킬러
- 자상 9층 : 식당가와 옥상정원
- 지상 10~12층 : 영화관
- 지상 13층 : 골프연습장
- 지상 14~지상 39층 : 사무동

전기한 진한 글씨들은 가장 임대료가 높고, 영향력이 큰 키테넌트들이다. 키테넌트들은 상기한 샤워,분수를 만들어 내는 공간장치이다. 그리고 그러한 샤워분수를 만들어 내는 가장 큰 에너지원이 바로 지하철 연결통로이다. 대부분의 쇼핑몰들은 대부분 교통거점과의 연관을 가지고 있다. 철도, 지하철, 버스터미널, 공항, 선착장까지 교통수단이 멈추고 출발하는 정거장은 **가장 매력적인 에너지 공급원**임에 틀림없다.

할인마트는 **대략 3,000평이 넘어야** 성공할 수 있다는 일종의 묵약 같은 것이 있다. 쇼핑몰에서 제대로 된 기능을 할 수 있으려면 최소한의 필요면적을 만족시켜야 한다는 뜻이다. 그 같은 규모의 논리는 마찬가지로 푸드코트와 멀티플렉스에서도 마찬가지로 적용된다. 푸드코트 역시 기획된 공간으로서 **10개 이상이 모여야** 그 집적효과를 기대할 수 있으며 그것은 멀티플렉스 또한 마찬가지이다.

이젠 눈을 돌려 식당가의 위치를 살펴 보아야 한다. 이러한 빅니스의 건물에는 당연히 먹는 것에 대한 일종의 강박이 있다. 어떻게, 어떠한 사람들을 대상으로 어떤 공간구성을 가지고 어떤 메뉴를 제공할 것인가. 각각의 아이템과 식단의 선정은 자본의 기획의 몫으로 남는다. 그러나 공간구성은 지극히 대조적인 두 영역으로 나뉘어 있다. 집단적 취식공간인 푸드코트와 약간의 특화된 냄새를 풍기는 전문식당가가 그것이다. 그런데 푸드코트의 위치를 보면 매우 흥미로운 사실을 발견할 수 있다. 지하철과 같은 층에 위치하면서도 **가장 떨어진 거리에 배치해 놓는다.** 그것은 다분히 유동인구를 노렸음에 틀림없다. 대중적인 취식공간과 유동인구의 대응은 직감적으로도 썩 잘 어울린다. 그리고 이른바 '전문식당가'는 9층에 있다. 마트동의 상부와 사무동과의 만나는 곳이며, 영화관층의 바로 밑의 층이다. 이것은 다분히 상주인구를 노린 것처럼 보여진다. 이렇게 먹는 것 하나라도 자본은 전략을 숨겨 놓는다.

생활매장이라 이름 붙여진 근생의 프로그램 또한 중요하다. 이러한 초대형 건물은 하나의 자급자족이 가능한 도시적 스케일이기 때문에 이러한 다양한 기초 생활욕구들을 해결해 주어야 한다. 예를 들자면, 간단한 우체국부터 금전출납기, 문방구, 빵집, 꽃집 등등. 이러한 일상생활에 꼭 필요한 프로그램들은 대부분 지하 1층의 지하철 연결통로를 따라서 줄지어 배치하고, 비싼 임대료의 보장을 책임져 주게 된다.

옥상정원은 사실 근대의 산물이다. 명동에 미쓰코시가 섰을 때부터 옥상정원은 소비공간의 대표적 휴식공간이자 가장 중요한 여가공간으로 사용되어졌다. 물론, 그때 당시는 미쓰코시가 가장 높은 건물이었으므로 전망대의 역할이 가장 중요했다. 다행히도 강변역의 테크노마트에는 한강을 향한 전망이 아주 좋다. 또한, 막 영화를 보고 나왔거나 막 점심을 먹은 직장인들이 찾는 10분의 그럴듯한 휴식을 이곳은 제공해 줄 수 있다.

골프연습장은 의도된 옥상의 점유를 노렸다. 이곳은 전자양판점이기에 창고의 확보가 아주 중요하다. 그렇다고 기준층에다가 필요한 면적을 충분히 확보할 수는 없는 노릇이다. 왜냐하면, 이곳은 최대한의 구좌수를 팔아야만 하는 분양건물이기 때문이다. 자연히 점주들의 요구는 옥상공간을 활용하자는 것으로 나타날 것이고, 여기에 자본은 그것의 차단을 생각하게 된다. 그것이 바로 골프연습장을 비롯한 체력단련 공간의 설치였다. 이곳은 몇대의 헬스기구들과 그럴듯한 운동시설들을 배치하고 나서 조망을 판매한다. 물론, 골프연습장은 지붕이 그물이기에 물건을 올려 놓을 수는 없다.

사무동이 왜 꼭 결합해야만 하는가. 이건 아주 중요하며 매우 크리틱critic하다. 복합쇼핑몰이 되기 위해선 **안정된 인구의 공급원 확보**가 가장 중요하다. 그것에 가장 유리한 것이 바로 사무동 같은 상주인구의 확보책이다. 그래서 이러한 사무시설들이 판매시설과 인접해 있는 건물은 주위에 실로 많다. 동대문의 두타건물을 비롯해서 아셈타워, 공항터미널, 록봉기힐스의 모리타워 등이 있다. 이렇게 사무동이 안 되면 주거동, 하다못해 호텔이라도 붙여놓고 싶어질 것이 분명한 모양이다. 센트럴시티와 롯데월드를 생각해 보라. 또한, 이렇게 사무동을 고집하는 이유가 또 있다. 바로 그것은 **세장비와 수직성에서 나오는 랜드마크**Landmark**성**의 확보다. 아무래도 평면적인 면적이 중요한 마트로서는 거시적 시각의 도시스케일을 입면상 획득하기는 매우 힘든 일이다. 여기에 사무동은 그 점을 일거에 해결해 준다. 우뚝 솟은 39층의 타워와 그 옆의 마트동의 환상은 바로 여기서 시작되었다.

C. 이른바 '기준층'의 탄생

혹자는 이런 의구심이 들 것이다. "아니 대체 복합쇼핑몰이라면서 기준층이 있겠습니까?" 이렇게 말하는 분들은 자본이 만들어 놓은 기획을 건축으로 풀어가면서 나오게 되는 구축의 논리를 전혀 모르시는 분들이다. 오히려 기준층의 의미가 사무동, 아니 오피스건축 보다도 더욱 중요한 것이 바로 복합쇼핑몰이다. 왜냐하면 잘 만들어진, 잘 기획되어 구축된 기준층 하나에 모든 이질적 프로그램들이 뿌리를 내리고 영양분을 공급받고 자라게 되기 때문이다.

1) 모듈

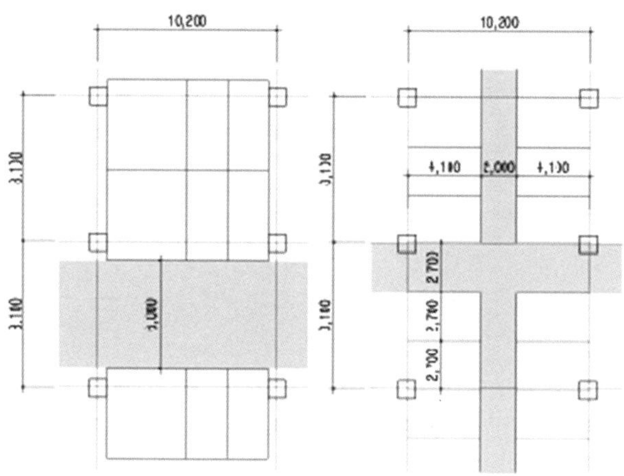

모듈과 1구좌

8.2×10.2. 이 모듈 안에 모든 것이 들어 있다고 해도 과언이 아니다. 자동차의 치수에서 유래한 이 모듈을 기반으로 매대와 매장의 크기, 매장 내의 대, 중, 소로의 폭들이 결정된다. 그럼으로서 이 유닛 하나는 매장을 지배하면서 다른 부가요소들을 수용한다. 매대의 폭 2.7M가 만들어 내는 전면 폭과 그것에 의해 나타난

매장의 깊이 하나. 그렇게 해서 구성된 유닛 하나가 바로 자본의 판매단위인 '1구좌'가 탄생하기에 이른다. 이제 1구좌는 그 자체로 판매단위가 되며 임대료의 기준과 상행위의 기본단위인 물리적인 공간의 크기이기도 하다.[34] 이후 이 모듈은 한국의 대부분의 매장에 적용되었다.

2) 매장, 매대, 대로, 소로

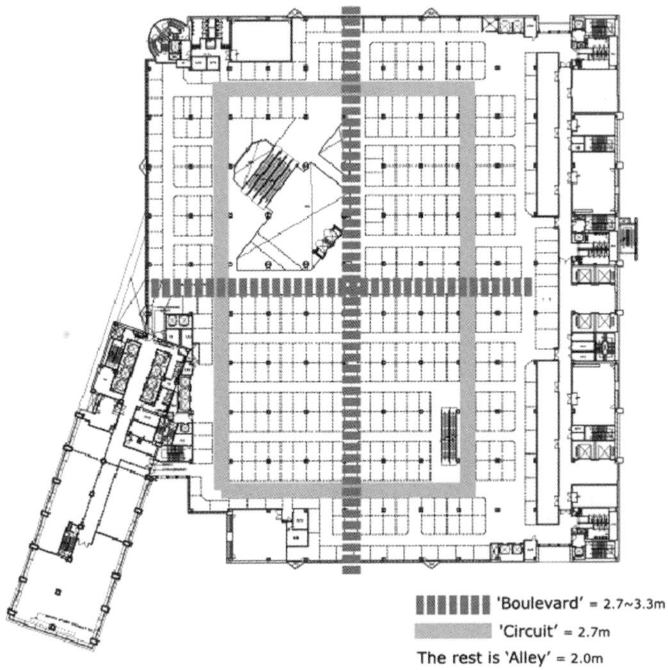

강변 테크노마트 기준층 평면

이렇게 탄생한 하나의 구좌단위의 확장으로 매장은 이루어지게 된다. 그리고 그러한 매장은 그 나름대로의 거리를 가지게 되는데 전방위를 열십자로 나누고, 그

34) 한 예로 2층 전자매장의 1구좌의 분양가가 1억 5천가량이다. - 필자 주

것들을 중앙부에서 회유하는 대로를 형성하게 된다. 이 대로는 대부분의 쇼핑몰 기준층에서 보여지는 일반적인 인공대로BLOUVARD라 할 만하다. 물론, 이 대로 자체가 넓직한 신작로임에는 틀림 없지만, 굳이 직선일 필요는 없다. 두타doota의 1층은 타원형이며, 사람들은 이 대로를 통해 마치 상품을 회유하며, 쇼핑하고, 만보하며 마주친다. 중로와 소로는 대로와 각각의 매대유닛들 사이를 연결시키는 골목길 같은 개념이다.

3) 오픈공간(유희공간, 상징공간)

이곳은 매장에서 가장 시각적 포커스를 받는 공간이다. 그리고 매장의 분위기는 매장 전체의 이미지에 영향을 미친다. 강변의 분위기가 뻥 뚫린 대형공간 하나가 있었다면, 신도림은 대형 하나와 3층마다 가로지르는 소형 하나, 2개가 있다. 물론, 이곳에는 만보객에게는 가장 필요한 보행기계인 에스컬레이터가 있어서 높이에 따라 아무 힘들이지 않으면서 스펙터클을 감상할 수 있다.

이 오픈공간에는 이러한 시각적인 유희 뿐만 아니라 실제적인 행동의 내용, 즉 이벤트와 결합되는 양상으로 전개된다. 바겐세일부터, 온갖 상품체험 마케팅 등으로 대부분 사용되어지며, 또한 특별한 테마를 가지는 전시공간이나 퍼포먼스 같은 자본과 결합된 예술행위들이 본 공간을 점유하게 된다. 초기 프라임측에서는 이 공간을 두고 내부에 자이로드롭 같은 유희기구를 설치하자는 의견까지 나왔었던 것을 보면 이 공간만큼은 현대인들에게 비일상을 제공해야 하는 강박을 가지고 있는지도 모르겠다. 절대 일상적이지 않은 공간체험.

매장 내의 자이로드롭은 어땠을까?

4) 매장의 형태

매장의 형태는 정방형과 장방형이 있다.(물론, 기하학적인 형태와 비기하학적인 형태가 있을 수 있으나 가장 기본적인 공간 형태인 사각형 형태를 기본으로 해서 본 것이다.) 매장은 정방형이 되었을 때 가장 좋다. 매장 내의 대로와 소로, 그리고 그러한 중심공간들이 어느 한쪽으로 치우치지 않게 고르게 배치되어 매장에 대한 균질적 활성화에 도움을 주기 때문이다. 강변의 경우는 전형적인 정방형의 형태이다. 그런데 신도림의 경우는 아쉽게도 대지 자체가 정방형이 될 수 없는 땅이었다. 부득불 장방형이 될 수 밖에 없었다. 장방형이 되면 분명 어느 한쪽은 에너지원에서 멀어지는 경우가 분명히 발생한다. 그것은 필연이다. 그래서 대비책도 필요하다. 가능한한 균질한 공간으로 만들어 놓고, 다음에 언급할 비매장공간들을 전부 외곽에다가 골고루 배치하는 것이다. 왜냐하면, 그러한 장방형 매장은 언제 어떻게 2개, 혹은 3개로 나뉠지 모르기 때문이다.(물론, 센트럴시티처럼 애초에 3개로 나뉘어 계획될 수도 있고, 아이파크몰처럼 2개로 나뉠 수도 있다.)

all most square

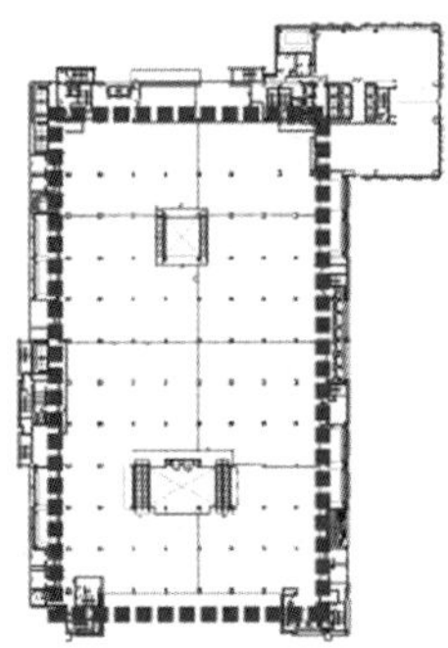

rectangular

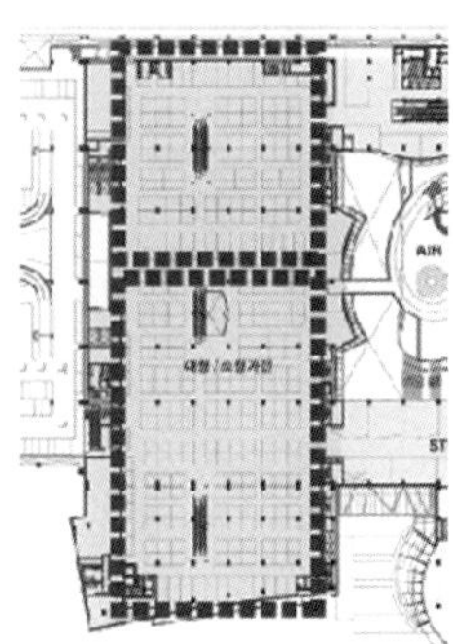

rectangular, in the end, divided into two pieces.

매장의 형태 : 강변 테크노마트, 신도림 테크노마트, 아이파크몰(좌로부터)

5) 비매장공간

비매장공간은 매장공간을 지원하는 여러 가지의 시설들이다. 개략적인 분류를 하면 수직동선 관련으로 계단, elev, esc가 있으며, 고객지원시설로서 화장실과 휴게실, 그리고 창고와 전반적인 기계적 지원이 이루어지는 기계전기 관련 제실들이 있다. 이와 같은 매장지원시설들은 마치 기계의 동력원처럼 가장 효율적인 장소에 가장 효율적인 용량을 가지고 배치하게 된다.

그런데 비매장공간이 공간을 점유하는 원칙이 하나 있다. 그것은 절대 매장공간 안으로 들어가지 못한다는 것이다. 왜냐하면, 절대적으로 매장공간 안은 어떠한 시각적 방해물도, 어떠한 동선적 장애물도 있어서는 안 된다. 만보객에게 걸리적거림은 치명타이기 때문이다. 그렇기에 다음의 비매장공간들은 철저하게 매장 외곽에서 자리잡는다.

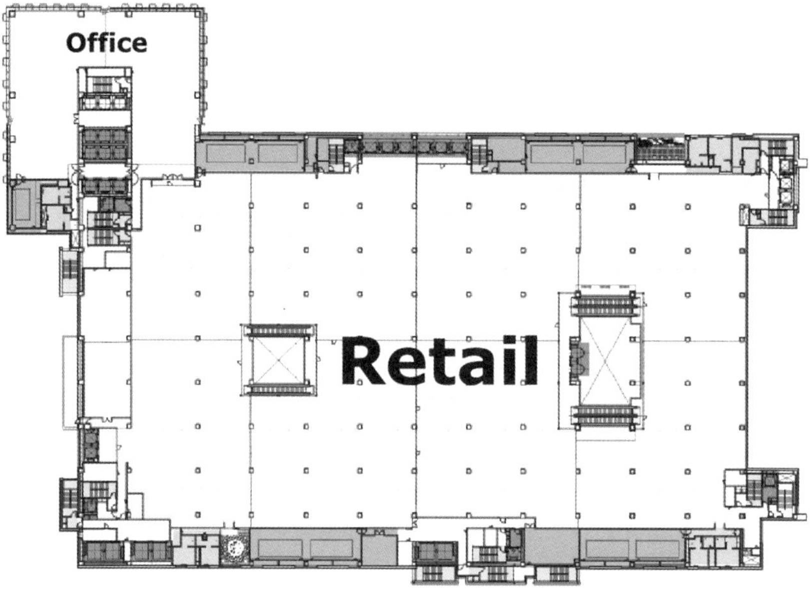

신도림 테크노마트 기준층 평면

- 계단

복합쇼핑몰은 계단을 좋아한다. 그 만큼 종류도 많고, 개수도 많다. 피난거리 50m가 만들어 내는 기본적 피난계단과 또 일정규모가 넘어가면 의무적으로 설치해야 하는 특별한 피난계단이 또 있다. 그리고 상층부에 영화관 등의 다중이용시설이 요구하는 옥외피난계단이 있다. 바로 전의 그림을 보면 참으로 균질하게 계단들이 배치되어 있음을 볼 수 있다.

- 엘리베이터

복합쇼핑몰은 사실 엘리베이터를 싫어한다. 그것은 에스컬레이터와 같이 층과 층을 붙여주지 않고 오히려 단절시키기 때문이다. 그러나 설치를 안할 수는 없다. 왜냐하면, 최소한의 설치대수를 규정한 법규가 있기 때문이다. 이곳에서는 직원전용과 화물전용, 영화관 직통이 있고, 오브제성을 의도하여 대형 오픈공간에 설치되었다.

- 에스컬레이터

강변역 테크노마트의 에스컬레이터

복합쇼핑몰에 있어 에스컬레이터는 하나의 축복이다. 이것처럼 만보객들에게 편의를 제공하면서 걸음의 노동을 해결해 주는 것이 없다. 물론, 그것이 가지는 기계적 아름다움을 복합쇼핑몰은 놓치지 않는다. 계단의 트랙이 만들어 내는 기계적 운동과 직교체제의 경직성을 일거에 압도하는 사선의 힘있는 방향감은 딱 오픈공간과 어울리며 그것은 고객동선의 80%를 가지고 간다.

- 화장실과 휴게공간

복합쇼핑몰 뿐만이 아니라 어떠한 소비공간에도 화장실은 참으로 계륵 같은 존재이다. 눈에 잘 뜨이면 안 되면서도 고객들은 항상 찾게 되는 곳. 어쩔 수 없다. 또한 휴게공간은 쇼핑의 강박에서 조금이라도 나오고 싶은 남성고객들을 위해 마련된 흡연공간으로서 제공된다.

- 기계, 전기제실

복합쇼핑몰은 인공적이다. 일체의 외기없이 완벽한 인공환경이 제공되어야 함은 기본이다. 그렇기에 많은 기계적 장치들이 설치되어야 하고, 그것이 올바르게 적절한 위치에서 작동되어야 한다. 특히, 가장 많은 면적과 가장 많은 위험요소를 가지는 것이 바로 공조실이다. 일단 공조실은 크다. 그리고 소음이 많다.

6) 사무동

사무동은 자본의 아주 중요한 상주인구의 공급원이며, 또한 고정임대료의 수입을 보장케 해 준다. 또한, 사무동은 특유의 세장비로 인해 랜드마크성을 확보해 주기도 한다.[35)]

형태는 여러 가지가 있을 수 있다. 그러나 선정된 규모가 한계가 있으므로 대

---

35) 프라임의 경험상 강변 테크노의 이미지를 가지고 설문조사를 했었는데 응답자의 70%가 사무동의 세장비를 인식하고 있었다 한다. - 필자 주

략 전체면적의 30% 공간을 넘지 않는다. 그렇기에 욕심을 만족시키는 높이를 만족시키기 위해선 수평면적이 클 수 없다.(또한, 1500m²를 넘으면 비상용 엘리베이터를 더 설치해야 하는 것도 있다. 물론, 그 점은 매우 작은 문제지만) 또한, 한없이 올라갈 수도 없다. 대부분 지역이 만들어 놓은 최고높이가 있으며 분단된 현실이 만들어 내는 군사협의도 있기 때문이다.

그렇기에 자본은 적은 평면적을 가지고 되도록 크게 보이고 싶어하게 되며, 평면적인 형태가 2-bay를 설정해 아주 얇지만 한쪽으로 넓은 형태를 따르게 되었다. 물론, 하이라이즈의 치명타인 풍압에는 가장 불리하지만 말이다.

7) 기준층 설정에 영향을 미친 몇가지 팁들

다음은 기준층을 만들 때까지 자본이 요구했고, 고민했고, 때로는 건축가로서 투쟁했던 항목들이다.

신도림 테크노마트와 신도림역

- 지하철 연결통로 : 잠재적 고객들과의 싸움

문제는 지하철이라는 에너지원을 어떻게 대략 200m 떨어진 대지 남쪽 선큰가든까지 연결시킬 것인가였다. 왜냐하면, 자본은 그 통로를 마치 유동인구가 반드시 지나가야 하는 대동맥vessel처럼 여기고 있었다. 매우 당연하다. 그것을 통해 전체적으로 장방형인 평면 자체의 활성화에 매우 기여할 것이기 때문이다. 그 길을 따라서 가장 임대료가 비싼 근린생활시설들을 위치시키고, 가는 길 도중에 공간적 변화를 꾀하면서 이벤트를 제공함을 기획한다. 그러면 고객들은 마치 개미처럼 자본이 기획한 공간에서 부지런히 걸어다니면 된다.

– 오픈을 어디까지 할 것인가

상기했듯이 오픈공간은 매장공간에 성격을 부여하는 가장 중요한 공간이다. 그렇기에 이곳을 통해 고객들은 층을 넘나들면서 쇼핑을 하고, 제공된 스펙터클을 감상하고 이동한다. 그런데 마트동 상부에 영화관이 있으므로 이 오픈공간을 어디까지 할 것인가는 매우 중요한 이슈가 되었다. 연결을 시킬 것인가 말 것인가. 그것은 이렇게 질문한 것과 같다. 연결시켜 고객들에게 편의와 함께 인지성을 확보할 것인가. 아니면 연결을 끊어 일부로 돌아가게 해서 매장의 접촉기회를 늘릴 것인가. 정말 고민거리가 아닐수 없다. 그러나 자본은 전자를 택했다. 아무래도 만보하는 개미의 불평을 듣기 싫었을 것임에 틀림없다.

기준층까지 설명한 것으로 건축적인 구현의 설명은 마치고자 한다. 나머지 지하의 일부매장, 푸드코트, 할인매장, 지상의 영화관 등은 별도의 아이템으로도 설명이 충분히 가능하므로 본 고에서는 언급하지 않는다. 다음 편은 공간구축의

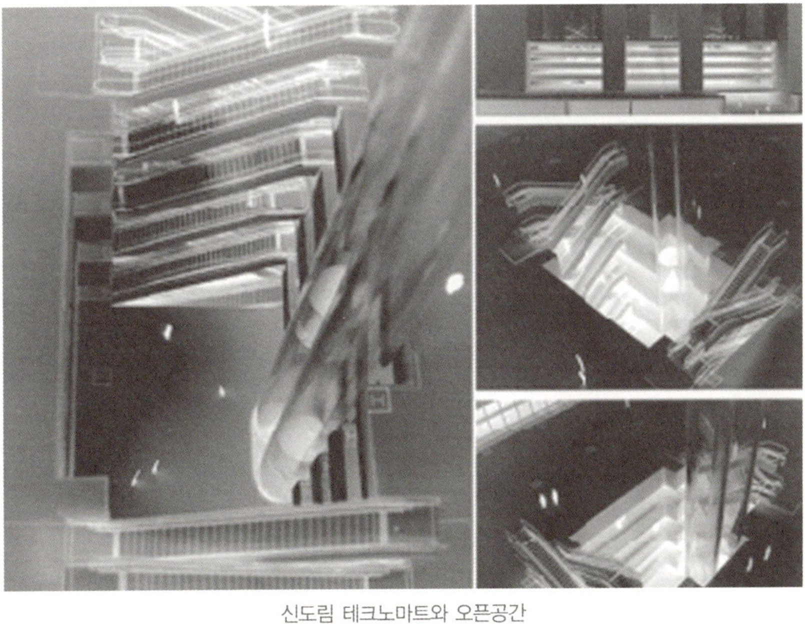

신도림 테크노마트와 오픈공간

결정요소로서 자본의 기획과 함께 쌍두마차를 이끄는 정치논리에 대해 언급할 것이다. 왜냐하면, 이 건물은 건축이 아닌 빅니스bigness이기 때문이다.

D. 정치논리와 공간

이 장에서는 빅니스는 물리적인 형태를 갖추게 되는 과정상 반드시 도시적인 용량논리와 만나게 되며 그러한 일종의 논리의 장벽 앞에서는 정치적 돌파가 필요하다라는 것을 말하고자 한다.

1) 신도림의 질곡

- YCC Young Cosmo Complex시대 : 1996~1998
- IMF시기 : 1998~1999
- 신도림지구 특별설계계획구역 확정 : 1999.0.0
- 신도림 1기 : 2001~2003
- 도시계획구역변경(유수지) 확정 : 2003.0.0
- 신도림 2기 : 2003~2006

신도림 테크노마트 프로젝트는 YCC라는 이름으로 출발했다. 자본은 땅을 보는 탁월한 안목을 가지고 있다. 이곳의 땅은 구로유수지라는 도시계획시설이면서 동시에 지역민의 환승주차장으로 사용되어지면서 약간의 민원처리시설들이 파견되어 있는 건물들이 한산하게 배치된 서울시에서 얼마 남지 않은 대규모의 땅이다. 물론, 지하철 2호선 신도림역의 파급효과는 당연히 예상되는 지역임에도 불구하고, 경관적으로는 고가도로와 도림천이 옆에 흐르면서 지역과는 별다른 소통을 하기 어려운, 케빈 린치[36]의 경관이미지상 'edge'에 해당하는 곳이었다. 그러한 버려진 땅을 자본은 잠재가치를 알아차리고, 대지권을 소유하기 위해 이른바 시행을 시작하였고, 그 첫단계가 바로 YCC였던 것이다.

이렇게 시작된 YCC는 대략 7, 8층 규모의 중규모 복합매장의 성격이었다.

---

36) Kevin Lynch : 미국의 도시계획학자

그 때는 사무동이 붙지도 않았고, 약간의 영화관 정도만이 집객요소로서 고려될 뿐이었다. 이렇게 YCC시절의 면적이 적당한지 아니면 현재의 신도림의 용적이 적당한지는 자본의 입장으로서도, 지역적 공리에 준하는 입장으로서도 선뜻 결론 내기는 어려웠다. **과연 자본에도 기여하면서 지역민들에게도 이익을 공유할 수 있는 적정규모는 얼마인가.**

이후 IMF는 전방위적으로 다가왔다. YCC는 홀드상태가 되었으며 설계팀은 해체되기에 이른다. 그리고 한 1년이 지난 즈음에 신도림지구 특별설계지구가 확정이 된다. 이것은 매우 중요한데 그 일대의 주변정비를 비롯한 상권의 재조직에 대한 밑바탕 작업이 공적으로 완성되었다는 것이다. 그 계획을 보면 건축물의 면적, 높이, 형태 등의 물리적인 것과 건축물의 용도 같이 내용적인 측면까지 전부를 포괄하는 가이드라인이었다. 그리고 자본은 다시 계획을 수정하기에 이른다. 이곳에 제2의 테크노마트를 짓기로 한 것이다.

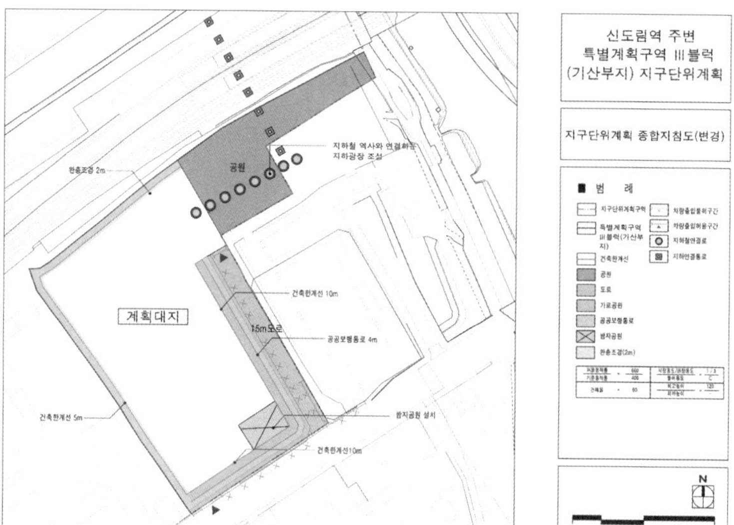

신도림 테크노마트 지구단위계획 결정도

2) 누가 이것을 결정하는가? – 용량과의 싸움

빅니스는 용량의 게임물이다. 그리고 그러한 용량의 결정권은 바로 허가권자, 즉 관官에 있다. 그러나 그들 또한, 바로 바로 독단적으로 결정을 내릴 수 있는 것은 아니다. 그들 또한, 마찬가지로 성문화된 절차를 따라 단계를 거쳐 가면서만이 결정할 수 있는 것이다. 그렇기에 그들은 절차적으로 합의제 형식인 각종 심의를 통해 빅니스의 용량을 제어한다. 어떤 관점에서 보면 관官은 빅니스를 심의에 상정시키는 안내자의 역할이라고도 볼 수 있다.

그러므로 이 단계에서 가장 중요한 것이 남을 설득시키는 기술이다. 그렇기에 어떠한 대안을 설득시키기 위해선 그것을 납득시킬 수 있는 대체논리의 개발이 선결과제이다.

3) 힘의 개입

신도림 프로젝트 1기는 유수지 부지의 해결방법이 결정되기까지의 과정이었다. 그것은 결국 지불과 보상논리에 근거하는데 한마디로 정리하면, 자본은 지하철 연결통로가 꼭 필요한데 그것이 유수지로 지정되어 있는지라 이것을 풀어 주는 대신 대체 유수지를 확보하고, 그것에 따른 보완조치를 하라는 것이었다. 그러나 문제는 그리 간단치 않았다. 빅니스는 절차법의 산물이기에 그러한 해결과정 절차의 마디마다 자본은 규모에 대한 욕심을 버리지 않았고, 자연스럽게 결정권자로서의 관은 그러한 자본의 의도를 알고 제어하기 시작했다. 밀고 당기는 자본과 관의 싸움에서 자연히 용적률에 대한 결정이 늦어지게 되었고, 결국 담당했던 총괄책임자가 교체되기도 했다.

이후 유수지의 대체논리의 개발은 대체유수지의 동일면적 확보와 함께 형태상의 왜곡으로 인한 유수의 흐름에 대한 방해는 펌프의 대체용량의 증가로 해결한다는 것과 함께 전체적인 규모의 총량의 아웃라인이 완성되기에 이르렀다. 자본은 대체논리를 개발하면서 실무자와 밀고 당기기를 계속하면서 진행하다가 마지막까지 계속 끌어 온 규모논쟁을 전임 시장과의 면담을 통해 전체적으로 정리하게 된 것이다. 전임 시장과의 면담은 그 만큼 상황을 일거에 종식시켰던 나름대로의 터닝 포인트였던 것이다.

이명박 (前) 서울시장(現 대통령)

높이에 대한 사항은 아직도 미결항목으로 남아있다. 120m를 160m로 바꾸고자 하는 자본의 필사적인 노력이 아직도 성과를 보이지 못하고 있다. 그것은 어떤 구체적인 근거제출도 없이 객관적이기지 않기에 아직도 관은 풀어주지 않은 것이다. 사람이 보는 입면의 성격을 어떻게 정량화해서 표현할 수 있을 것인가.

4) 결론

사실 모든 건축물은 도시 내에서 정당하게 구축될 수 있으려면 기 선정된 포맷으로서의 건축법규를 준수해야 하고, 그것에 따라 검증을 받게 되는데 이러한 건축허가라는 과정 자체가 자본의 입장에서는 논리의 장벽이며, 그것을 통과하는 것은 지극히 정치적인 것이다. 그러나 빅니스는 이러한 기존 포맷들이 즉, 성문화된 법규의 내용들이 훨씬 많고 복잡하며 그것에 얽혀 있는, 그것을 결정하는데 반드시 넘어야 할 과정들이 훨씬 복잡하다는 이야기이다. 즉, **빅니스는 규정법이 아닌 절차법의 산물**인 것이다.

11. 아이파크몰 : 한국의 빅니스를 위하여

아이파크몰 전경 - 구글어스 제공

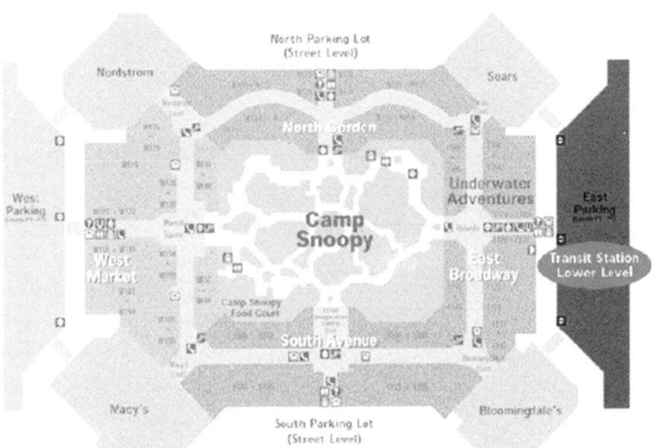

몰 오브 어메리카 평면

아마도 베이지색 3층짜리의 조그만 콘크리트 건물이었던 구 용산역사를 기억하는 사람들은 많지 않을 것이다. 자본은 그렇게 시덥지 않은 역사건물을 밀어버리고 이렇게 선로 위라는 가상의 대지에 연면적 27,209,024m^2(82,326,85평)의 건물을 실현한다. 지하철 1호선, 인천행 고속철, 일반철도에서 KTX까지 엄청난 기단 하부의 공간을 철로가 자리 잡고 있다.[37)]

먼저 이 사진을 보면 치명적인 약점이 하나 보이는데 그건 바로 대지 북쪽에서의 접근성이다. 보행 연결통로 하나와 차량 연결통로 하나가 매우 긴 철로를 가로지르고 있는 형국이다.

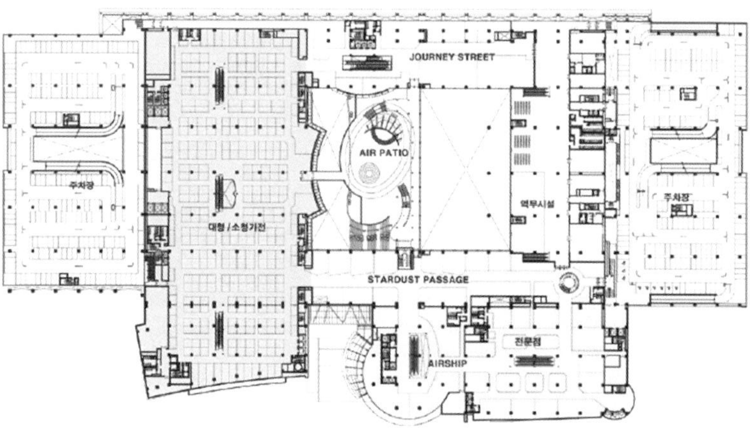

아이파크몰 평면 : 해안건축 제공

1) 벤치마킹 대상으로서의 몰 오브 어메리카Mall of America as the benchmark for this project

1980년대 초에 만들어진 이곳은 필자처럼 소비공간을 논하는 사람들에겐 하나의 신기루임에 틀림없다. 왜 이곳을 언급하냐면, 필자가 보기에 아이파크몰은 다분히 이곳을 벤치마킹한 것처럼 보이기 때문이다. 각각 4귀퉁이에 자리잡은 백화점

---

37) 대부분의 건설 관계자들은 관공서 협의 때 가장 애먹는 곳이 철도청이라고 하는데 실로 엄청난 건물 밑으로 철도의 레일이 지나갈 수 있었다는 것은 분명 경이로운 일이 아닐 수 없다. - 필자 주

4개와 그것을 연결하는 환상통로, 중간에 있는 엔터테인먼트 홀, 그리고 역시 사방에 자리잡은 주차장. 하나의 다이어그램으로 정확히 완결되는 이 평면은 이미 고전이 되기에 충분했다. 그러기에 수많은 소비공간을 꿈꾸는 사람들은 마치 성지순례처럼 비싼 돈 들여가며 이곳을 다녀갔고 이곳이 만들어 주는 환등상의 폭격에 정신을 빼놓고 돌아갔을 것이다. 이젠 한국의 빅니스로 넘어가 보자.

리노베이션 전의 아이파크몰의 평면, 즉 '스페이스 9space 9'이다. 양 옆의 주차장 구조물과 리테일공간, 그리고 환상동선과 중정공간까지 약 25년 전의 서구가 만들어 놓은 잘 다듬어진 다이어그램이 그대로 나타나고 있다. 또한, 아직까지 그 다이어그램은 쇼핑에 관한 기억을 우리의 몸에 새기면서 각인시키고 있다. 참으로 대단한 어메리칸 커머셜리즘American commercialism이 아닐 수 없다.

몰 오브 어메리카는 도시의 버려진 넓디 넓은 변두리지역suburban을 지역적 기반으로 하고 있다. 그 말은 기존의 도시문맥이라 할 만한 것이 전혀 없다는 이야기이다. 그렇기에 그들은 완전하게 맞추어진 다이어그램을 실제의 땅에 적용할 수 있었고, 그것에서 완벽한 인공환경이 가능하게 되었다. 사실, 1950년대의 세계대전 이후 변두리의 급속한 도시화가 진행되면서 나타나는 교외의 지역들은 이렇게 새로운 소비공간의 배경으로 가장 이상적인 대지라 여겨져 왔다.[38)]

2) 아이파크몰에 용산역은 은혜이자 한계이다. Station Yong-san might be either benefit or limit.

아이파크몰은 용산역 선로상공이라는 가상의 대지에 광활한 플랫폼을 base로 삼았다. 그렇기에 많은 제약이 따를 수 밖에 없었다. 앞서 언급한 접근성의 문제는 거의 치명적인 것으로 보인다.

또 다른 한계는 이 용산역의 공간이 가장 매력적으로 다가와야 할 환상공간을 많이 잠식하고 있다는 것이다. 물론, 이곳의 공간의 크기가 워낙 크기에 소비

---

38) 물론, 이후의 상황은 바뀐다. 인구가 기반이 되지 않았던 이른바 고속도로몰과 같은 곳들에서 공실의 문제가 대두된다. – Shopping. Rem Koolhaas.

자가 자신의 위치를 전체의 공간 내에서 인식한다는 것은 거의 불가능에 가깝지만, 가장 중요한 2층과 3~4층까지 용산역의 공간잠식은 완벽한 환상동선을 불가능하게 만들었다.(겨우 CGV레벨까지 올라와야 환상동선이 이루어진다.)

그러나 용산역은 역시 은혜이다. 예로부터 소비공간은 사람이 가장 많이 모이는 교통거점과의 연결을 필수적인 것으로 하고 있다. 마찬가지로 용산역이 가지는 의미는 거의 절대적이다. 그곳에서 유동인구라는 영양분은 빅니스의 필수 공급원이다. 만약, 그렇지는 않겠지만, 용산역을 대체할 다른 역이 생기고 이곳이 슬럼화되어 간다면 이곳은 마치 선사시대의 공룡처럼 쓰러져 갈 것이다.[39)]

3) 다양한 프로그램과 빈약한 공간연출

앞서의 평면은 스페이스 9 시절의 평면이다. 익히 알려져 있지만, 그 이후 이곳은 규모에 비해 아직 배후지가 조성되지 못해 장사가 잘 안되었다. 이후 H개발은 이 건물을 아이파크몰로 리노베이션 하기에 이른다.

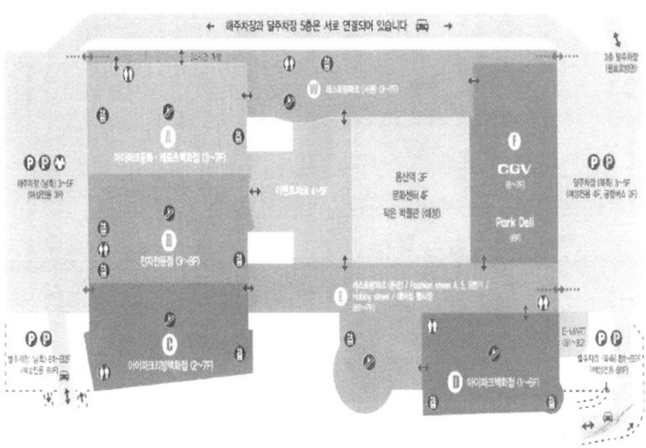

리노베이션 후의 아이파크몰

39) 이상하게도 외국서적들을 보면 공룡 dinosaur 이라는 말이 매우 많이 사용된다. 특히, 공실로 많은 몰들이 문을 닫고 쓰러지는 모습을 그릴 때. - 필자 주

가장 크게 바뀐 것은 장축으로 크게 가지고 있었던 전자 양판점을 3개로 등분한 것이다. 장사가 잘 안되는 양판점을 3등분해 놓고, 각각의 테마를 부여한 것이다. 그것이 가능할 수 있었던 것은 기존에 에스컬레이터가 정확히 균질한 거리를 가지고 세 부분에 놓여 있었기 때문이다. 또한, 기존의 백화점 기능인 의류와 명품의 공간을 새로 아이파크 백화점이라는 영역으로 따로 독립시켜 주었다.

이를 전체적으로 그림을 그려보면, 서쪽에 3개의 백화점(전자, 리빙, 레포츠)이 있고, 동쪽에 1개의 백화점(의류, 명품), 그리고 지하의 이마트라는 할인마트가 전체적인 리테일을 구성하고, 엔터테인먼트로서 영화관 CGV, 그리고 이벤트파크라는 기존의 공간과 함께 역시 임대 안되는 서쪽 매스 9층에 e스포츠 경기장이라는 공간을 마련하였다. 왜 9층에 놓았을까는 샤워효과의 의도가 자명하다. 그리고 이러한 메인테넌트들을 연결하는 회랑공간에 먹을 거리와 편의시설을 제공하여 보조기능을 수행하게 하였다. 말 그대로 이질적인heterogenious 몰mall의 전형적인 평면이다. 한마디로 몰은 이질적이어야 하기 때문이다. 자고로 도시공룡 'Bigness' 가 사는 데에는 많은 먹을 거리가 필요한 법이다.

소비의 미로

이 그림은 바로 전자양판점이 가지는 공간의 깊이를 표현한 것이다. 일소점

투시도에 잡힌 이러한 공간은 그 자체가 가지고 있는 전체적인 공간의 깊이를 전혀 파악할 수가 없다. 마치 출구가 보이지 않는 미로에 있는 것처럼, 소비자들은 끝없이 이어지는 이러한 공간의 동선에 포섭당해 쇼핑의 노동을 수행해야 하는 것이다.

연결부의 모습 – 아이파크몰

다음 그림은 연결부, 즉 같은 매스이나 3등분된 각각의 백화점의 경계부를 담은 것이다. 전자양판점과 리빙백화점, 그리고 레포츠백화점과의 사이공간들. 전혀 다른 리테일의 테마를 가지고 있는 각각의 공간들이 약간의 경계부의 인테리어만을 다르게 한 채 그냥 만나고 있다. 아마도 이 부분에서 자본 또한 고민을 많이 했을 것이다. **경계를 열 것인가, 닫을 것인가. 아니면 열면서 닫을 것인가.** 닫으면 영역성은 좋아지나 몰mall의 이질성에 위반하는 것 같고, 열면 자연스러운 진입은 가능하나 또 다시 공간의 성격 자체를 잃어버리고. 상기의 그림들은 그 절충점을 보여 준다고 하겠다. 본래 어딜 가나 어느 한쪽을 살리면 어느 한쪽은 죽

40) 이를 두고 'Shopping'에서는 몰 건축의 두 거장이 가지는 방법론을 비교한다. Victor Gruen과 Jon Jerde. Gruen은 최초로 몰의 개념을 창안한 건축가로서 그의 상업건축 어휘는 매우 간결하고, 다이어그램으로 정의될 수 있는 사각박스의 공간을 사용한다. 그러나 Jerde의 공간은 공간 자체의 신기한 경험을 그의 상업건축의 모토로 여겨 일상에서 보기 힘든 왜곡된 공간형상을 의도한다. – 필자 주. 'Shopping' pp.156~170 참조.

을수 밖에 없고, 모두의 입맛에 맞출 수는 없는 모순의 건축이 바로 상업건축의 특색이다. 즉, **상품을 따르면 건축이 죽고, 건축을 따르면 상품이 죽는 딜레마.**[40)]

상업의 '깊은' 공간 : 끝에서 보이는 새로운 공간의 인식

이젠 '빈약하다' 는 이야기를 할 차례이다.

먼저 외부적인 면을 보면, 이곳은 전체를 총괄할 수 있는 이미지가 없다. 상기했던 많은 이질성들이 혼재하고 그것들이 서로 공명하면서 에너지를 주고 있지

아이파크몰 광고 : 언제나 여성은 영원한 쇼핑의 타겟이다.

만, 그 1가지가 절실하다. 바로 전체를 아우를 수 있는 이미지 메이킹이다. 엘리베이터를 탔을 때 그들은 이렇게 광고하고 있었다.

이 광고를 보면 많은 것을 알 수 있다. 분명히 자본은 옛 시절의 스페이스 9 시절을 기억하고 있고 그것에서 벗어나려 하고 있다. 그때의 이미지가 주로 전자제품이 주는 어떤 과학적 유토피아를 꿈꾸게 하는 것이었다면, 신 자본은 이 광고를 통해 다른 이미지 메이킹을 시도한다. 바로 여자. 이것은 상투어구cliche에 가깝다. 물론, 어느 소비공간이나 어떤 특정 상품만을 취급하는 카테고리-킬러category-killer가 아닌 이상 대부분의 자본은 소비공간을 통해 20~30대 여성을 주 타겟으로 삼고 있다. 그렇기 때문에 자본은 수 없이 사용되어 왔을, 그렇기에 페미니스트들에게 공격당하는 여성을 이용하고 있는 것이다.

아이파크몰 남측면

리노베이션 전의 입면과는 무언가 달라진 것이 있다. 바로 전면부의 아트월이다. 이것은 다분히 여성을 의식한 파사드이다.

한가지 분명한 것은 소비공간의 또 다른 상투어구cliche 쇼케이스show-case가 등장한 것이다. 쇼케이스는 본래 18C 파리에서 유래된 아케이드에서 처음으로 발터 벤야민Water Benjamin에게 그 지위를 인정받는다. 그리고 이후 이것은 현대의

아이파크몰 남측면 디테일

소비사회를 설명하는 아이콘으로 등장했다. 명동의 롯데 영플라자(구 미도파)를 보면 건물 전체가 하나의 쇼케이스이다.[41]

본래 스페이스 9 시절에 결정된 입면은 그 자체로 보면 매우 성공적이었다. 바로 'Techne'의 이미지에 걸맞는 마케팅과 브랜드, 그리고 그것의 물리적 구현체로서의 건물이 3박자가 잘 어우러진 결과물이었던 셈이다. 매스 구성 하나 하나가 매우 강한 기하학적 형태를 가지고 있다.

그렇기에 이곳은 전 생애의 스페이스 9 시절의 옷을 털어 버리기엔 어려웠던 모양이다. 필자가 보기엔 공룡의 몸매에 살짝 앞치마만 두른 모양처럼 보인다.

필자가 보기에는 좀더 과감했어야 했다. 가운데의 로툰다rotunda를 날려 버리더라도 새로운 이미지를 찾아야 했다. 그리고 기왕에 이러한 Bigness에 쇼케이스를 만들자고 결정을 했다면, 좀더 도시적인 제스쳐를 찾아야 했다. 즉, 구찌나 프라다의 외국 매장에서 사용했던 이런 방식의 커튼월이 아니라 좀더 새로운 그 무엇을.

---

41) 본래 상업공간에서 커튼월은 지극히 non sense이다. 인공환경의 make up 의도에 반하기 때문이다. – 필자 주

이젠 내부로 눈길을 돌려 먼저 밀도density에 대한 이야기로 넘어가자.

낮은 밀도의 상업공간

이곳은 3층의 스포츠관이다. 그런데 무언가 좀 성글성글한 느낌을 피할수 없다. 빈약하다는 말이다. 넓직넓직한 복도와 한가로이 걸려 있는 상품들은 그 빈약성을 말해 준다. 밀도가 떨어지면 소비자가 느끼는 상품의 이미지의 강도intensity는 떨어지게 마련이다. 별로 다른 것이 없는 것 같은 느낌. 그러나 같은 품목을 다루면서도 MD의 방법을 다르게 하는 것은 정말 다른 느낌을 받을 수 있다. 필자는 밀도의 이야기를 하면서 **'환등상의 폭격**bombardment of Phantasmagoria' 이라는 말을 즐겨 사용한다. 상업공간은 한마디로 폭격기 B-29가 되어야 한다. 그래야 고객들은 정신을 빼놓고 길들여지는 것이다. 지금의 이미지는 자꾸 공실을 겨우 채워넣은 듯한 이미지를 지울 수가 없다.

"환등상의 폭격"

다음그림으로 넘어가 보자.

다음 그림들은 연결회랑부를 찍은 사진들이다. 몇몇 사람들이 앉을 수 있는 소파가 있고, 그리고 방향을 알려주는 표지판이 보인다. 그러나 분위기는 앞서 보았던 판매장들과 별반 다르질 않다. 회랑의 프로그램들은 대부분 식음공간이나 소품들을 판매하는 공간, 그리고 리테일이나 CGV 등 위락시설과 같은 주요 임대공간main tenant들을 지원해 주는 보조적인 프로그램들로 구성되어 있다. 물론, 단일층 면적인 5천평을 돌아 다녔을 소비자들에게 이러한 공용공간과 같은 곳은 매우 중요한 역할을 하고, 또한 그것 자체로 자본에게 많은 임대수익을 창출시켜 주고 있다. 그러나 이곳은 대충 먹을거리들을 팔고, 아이템 소품들을 끄집어 내어 간단한 것을 파는 것으로만 끝내면 안된다. 즉, 단지 팔기만 해서는 안 된다는 이야기이다.

연결회랑부 아이파크몰

명동의 '코즈니' 가 건축가인 필자에게 공간적으로 신선하게 다가왔던 것은 다름아닌 분위기의 급변이 있었기 때문이다. 그들은 환등상의 폭격을 막 경험했었을 소비자에게 완전히 조용하고, 포근하며, 부드러운 공간을 제공한다. 소비자는 그렇게 분위기의 급변에 매우 당황하면서도 굉장히 다른 공간에 다시 적응한다. 그런 것이 흥미를 일으킨다. 바로 이질성heterogeniocity이 만들어 주는 흥미. 한쪽은 극한의 소비를 요구당하는 공간이면서도, 한쪽은 그러한 소비의 질책에서 벗어나 그냥 편하게 앉아서 책도 보고, 음악도 듣는 한마디로 제대로 쉴 수 있는 공간이 있다는 것이다.

필자는 여기서 이 공간에 대해 이른바 **'프리존free-zone'** 을 제안한다. 소비에서의 free, 쇼핑에서의 free, 환등상에서의 free. 여기서 완전히 쉴 수 있어야 소비자는 다시 retail로 들어갈 수 있다. 쉰다는 것 또한 벤치나 몇개 가져다 놓고 말겠다면 뭐 별로 할 말이 없다. 소비자가 쉴려면, 아니 자신이 쉬었다고 느끼려면, 또 다른 행동을 기획해 주어야 한다. 마치 그것은 사람들이 술을 마신 후 그 다음날 일부러 돈내고 찜질방에 가는 것과 같다. 코즈니처럼 책을 가져다 놓을 수도 있고, 인터넷 오픈카페를 설치해 주어도 좋겠다 생각해 본다.

자본의 입장에서 바라보면, 몰mall은 사람을 못 나가게 해야 한다. 그리고 그렇려면 보다 밀도있는 MD와 그에 맞는 공간계획, 그리고 그것과는 완전히 반대되는 '프리존'을 제공할 수 있어야 한다. **쉬는 시간마저 자본에 비용을 지불하지만, 역설적으로 그래야만 쉬었다고 느끼는 소비자**들이 존재하기 때문이다. 그리고 그것이 소비사회의 소비인(人)인 것이다.

12. 소공동의 두 거인

A. 롯데와 신세계

소공동의 전경 – 왼편이 롯데, 오른편이 신세계

롯데와 신세계, 이 둘은 오래 전부터 소공동–을지로 일대를 주름잡았던 두 거인들이다. 신세계, 롯데, 미도파로 기억되는 치열했던 3파전을 지금의 장년층은 기억하고 있다. 그 후 세월이 흘러 미도파는 결국 힘의 논리에 아니 자본의 논리에 굴복되어 롯데에 인수된다. 그 후 롯데는 차근차근 이 일대를 그들 특유의 '타운 만들기Town-making' 로 장악해 간다. 소비공간은 항상 증식proliferation의 측면에서 어바니즘urbanism과 밀접한 연관을 가지게 되는데 아마도 그들의 장악방법을 연구한다면, 수많은 논문을 만들 수 있을 것이다. 이후 남게 된 유일한 대항자본인 신세계는 자신의 신관을 건설하면서 롯데의 공격에 대한 방어막을 만든다. 이것이 필자가 알고 있는 이곳 소공동의 behind story이다. 아마도 미도파가 있었고, 그 이전 일제시대의 미쓰코시 시절로 거슬러 올라 가면 더 많은 파워게임들의 암투 내용을 알 수 있을 것이다. 매우 흥미로운 이들의 도시공간 장악을 보면서 느끼는 것은 이렇기에 소비공간과 도시의 역사는 매우 밀접한 관계를 가지고 있고, 그 역사를 관찰함은 바로 도시를 관찰하는 지름길이 될 수 있다는 것이다.

이 상

"나는 어디로 들입다 쏘다녔는지 하나도 모른다. 다만 몇시간 후에 내가 미쓰꼬시 옥상에 있는 것을 깨달았을 때는 거의 대낮이었다.…나는 거기 아무 데나 주저앉아서 내 자라 온 스물여섯 해를 회고하여 보았다.… 이 때 뚜우 하고 정오 사이렌이 울었다. 사람들은 모두 네 활개를 펴고 닭처럼 푸드덕거리는 것 같고 온갖 유리와 강철과 대리석과 지폐와 잉크가 부글부글 끓고 수선을 떨고 하는 것 같은 찰나! 그야말로 현란을 극한 정오다…'

'날개' 중에서.

채만식

당시 경성 남촌의 대표적 건물인 조선은행, 경성우편국과 남대문통 대로를 두고 삼각형 랜드마크를 형성한 이 백화점은 무엇보다 휘황차란한 서구식 신상품들을 늘어놓은 들머리 쇼윈도우와 엘리베이터, 그리고 경성의 최고 명물로 손꼽힌 옥상정원으로 유명했다. 근대 도시 소비문화의 마약같은 매력을 처음 맛보게 된 경성 시민들 사이에서는 그래서 너나 할 것 없이, 살 것이 없어도, 백화점 내외부와 혼마치 일대를 얼빠진 듯 방황하는 이른바 '혼부라당(혼마치를 어슬렁거리는 무리란 뜻의 일본 속어)' 의 근대 풍습까지 생겨났다. 채만식의 풍자소설 〈태평천하〉를 보면 속물적인 만석꾼 부자 윤직원 영감은 그의 애첩 열다섯살 기녀 춘심이와 미쓰코시 근처 혼마치의 진고개 번화가를 갔다오다가 이런 수작을 나누고 있다.
"저어 참, 영감님?" "왜야?" "우리 저기 미쓰꼬시 가서, 난찌(런치) 먹구 가요?" "난찌? 난찌란 건 또 무어다냐."
"난찌라구, 서양 즘심(점심) 말이에요." "서양 즘심?" "내애, 퍽 맛이 있어요!" "아서라! 그놈의 서양밥, 말두 내지 마라!"[42)]

42) 한겨레신문. 2005.12.15. – 묵향 속의 우리 문화유산

B. '멋진' 신세계

1) 돌덩어리들

재료를 가지고 소비공간의 아이덴티티를 표현한다는 것은 좋은 아이디어이다. 마치 이 재료들은 신세계만의 재료인 듯 보인다. 강남 신세계가 같은 재료이며, 죽전 또한 마찬가지이다. 그러나 지금의 돌로 구축된 이곳 본관의 매스는 돌덩어리에 지나지 않아 보인다.

필자는 미쓰코시 시절부터 이곳을 지나 다닐 때마다 느꼈던 발그레한 화강석의 느낌을 기억하고 있다. 그리고 누구나 이 백화점하면 떠오르는 사람이 있다. 바로 이상. 이상의 날개에서의 푸득거리면서 날고 싶은 곳으로서의 미쓰코시, 그 강한 이미지 장치로서의 미쓰코시는 영원히 회자될 것인데 그 발그레했던, 그 다정했던 화강석은 어디로 간 것일까.

> 이런, 굴러온 녀석 때문에 옛날 녀석까지 때깔이 다 바뀌었군요. 굳이 이렇게 옛날의 건물까지 요새의 재료로 바꿔야 했습니까? 그럼 제가 가지고 있던 기억은 어떻게 됩니까? 막 이렇게 대중들에 대한 무의식에 대한 보상없이 막 바꿔 버려도 됩니까? 발그레했던 신세계의 영롱한 아우라는 이렇게 칙칙한 붉구죽죽한 새로운 화강암에 갇혀 버렸습니다. 같은 돌무더기가 되어 버린 것이죠.[43)]

43) http://blog.naver.com/nook32

2) 올드 앤 뉴

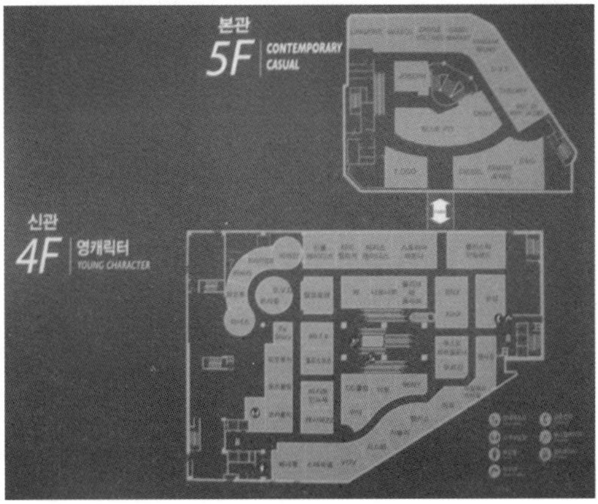

신세계의 평면 – 본관, 신관

신세계 본점의 건축은 건축에 있어서의 시간성을 다루는데 완전히 실패했다. 이렇게 시간을 지니고 있는 옛 건물과 함께 새 건물을 같이 한다는 것은 건축가에게는 꿈과 같은 작업일 것이다. 왜냐하면, 시간을 머금은 옛 건물은 그야말로 보석과도 같은 집단무의식의 발현체이기 때문이다. 이러한 보석을 옆에 두고 다시 새로운 존재체를 구축하는 즐거움.

본관과 신관의 연결부

불행인지는 모르겠으나 신세계의 대지상황은 소비공간의 성격상 그리 좋은 대지상황은 아닌 듯 보인다. 일단, 신관으로 잡힌 평면의 면적이 신세계 본점으로서의 위상을 가질 만큼 크지 않다. 그렇기에 더더욱 본관의 강한 이미지가 절실히 요구되었으나 애석하게도 현재의 본관은 밖에서 보기에 마치 신관의 부속관처럼 보이고 있다.

충분히 고민했을 것이고 검토했겠지만, 본관을 시간의 때를 그대로 가지게 하면서 신관의 새로운 시간성을 표현했다면 어땠을까 생각해 본다. 국내 최고의 상업적 프로젝트였을 이 건물을 보면서 정말 아쉬움을 금할 길이 없다.

3) 상업건축과 미니멀

회현역 연결통로

자본은 항상 교통거점과의 연결을 꾀한다. 그렇기에 이렇게 근사한 진입공간이 마련되고 왼편의 계단 또한 새로 설치해 주는 것이다. 좀 갔더니 이런 공간이 나온다.

지하광장

지하광장이다. 그런데 으레 보았던 이곳 소비공간의 왁자지껄함이 없이 공간이 표백이라도 된 듯 아주 깨끗하다. 마치 무슨 갤러리의 입구라도 되는 듯 하다. 다음 사진을 보면,

매장 중심공간 1

중심공간은 좌우대칭에 정갈하게 정리되어 있다. 건물 외피의 칙칙했던 분위기는 사라지고, 이제 자본은 '멋진' 신세계를 보여 주고 있다. 그리고 이러한 정갈하면서 미니멀한 분위기는 신세계의 인테리어라 해도 괜찮을 듯 하다. 이렇

게 분위기만을 만들어 놓은 공간을 통해 자본은 상품을 부각시킬 수 있는 것이다. 어차피 이곳은 가족단위의 쇼핑이 오는 몰mall의 개념은 아니니까.(이 점에서는 롯데타운과는 다른 부분이다.

매장 중심공간 2

자본은 시야를 만들어 낸다. 상기한 대로 평면의 면적이 크지 않기 때문에 단 한 곳의 장소에 이렇게 스펙터클을 집중시키고 있다. 이렇게 생산된 시야는 소비자의 존재감을 잠시 잊게 한다. 상품의 아우라에 빠지다가도, 건축공간이 만들어 주는 이러한 공간의 볼륨과 깊이에 또 넋을 잃는다. 이곳에서 사람들은 움직임을 느끼고, 깊이감을 느끼면서 자신의 몸을 이렇게 조직make-up된 환경에 적응시킨다. 그러나 이곳 또한 이렇게 터뜨린 공간감각 이외에는 별다른 작위적 디자인이 보이질 않는다. 미니멀. 어쩌면, 이 자본은 이러한 내부 분위기의 일관성을 위해 외부의 형태와 디자인마저 제한시켰을 것이다.

명품관으로서의 본관은 신관에서 제공된 상업환경의 정제된 맛이 더더욱 강해진다. 다음 그림들을 보면,

본관 중앙계단

미쓰코시 시절부터 있었을 중앙계단이다. 이곳만이 유일하게 리테일건축에서 계단이 에스컬레이터를 밀어낸 유일한 곳이다. 그만큼 매시브massive하면서도 아름다운 조형을 가지고 있다. 그러나 여기서도 아쉬움이 느껴진다. 이것 만큼은 손때가 묻은 텍스쳐가 남아 있었다면 어땠을까. 물론, 지금의 정제된 텍스쳐만이라도 훌륭하지만, 새로움을 파는 상업건축에서 손때의 텍스쳐는 아직도 무리였을까. 그래도 이 계단과 적절히 연출한 오브제들은 이곳만의 느낌을 전달하고 있다.

본관 공용공간

본관의 공용공간들이다. 이곳에서 만나게 되는 상품의 갯수는 그리 많지 않다. 그것은 또한 호기심을 유발시키는는데, 지극히 정제되고 제한된 디스플레이가 그것을 가능케 한다. 또한, 이렇게 모든 것을 표백시킨 **미니멀공간은 관객들에게 일종의 행동적인 강요를 요구**하게 된다. 그건 마치 어떤 깨끗한 집에 들어 갔을 때 우리의 옷매무시를 다시 한 번 살펴 보게 하는 것과 같다. 공간이 어느 정도의 권위획득을 의사할 때 미니멀은 아주 보편적인 방법인 것이다.

또 한가지 빼 놓을 수 없는 것이 냄새다. 이렇게 표백된 공간에 자본은 근사한 냄새를 주입한다. 이때 소비공간과 만나는 샤넬의 냄새, no5는 하나의 기호가 된다. 이미 냄새마케팅은 음악마케팅과 함께 소비심리를 자극하는 일반적인 것이다.

4) 외부성의 문제 : 이들에게 남대문은 축복인가 저주인가.

소비공간은 도시의 강한 랜드마크가 될 가능성이 높다. 그것이 가지는 집객력과 그렇게 해서 축적된 공간의 기억이 그 요인이기 때문이다. 그러나 소비공간은 또한 외부환경에 아주 민감할 수 있다. 필자가 보기에 이곳 신세계는 을지로를 그렇게 점유하고 싶었을 것이다. 지역적인 분위기, 보행인의 밀도, 주위지역의 프로그램의 흐름들을 보았을 때 신세계의 북쪽으로의 을지로와 남쪽으로의 남대문은 극적인 대비를 이루고 있다고 보여진다. 그렇기에 과거의 미쓰코시 역시 파사드를 을지로로 돌리고 있었을 것이다.

그러나 이젠 새로운 환경에 직면했다. 신관은 분명히 본관과 떨어져야 했고, 그렇게 보기 싫었을 남대문과 남산의 아래턱과 마주해야 했을 것이다. 분명 그것은 소비자에게는 새로운 공간적 경험을 제공할 것이다. 그건 바로 감추어져 있었던 새로운 도시가 인식되는 것이다. 이렇게 신세계 신관이 건축되지 않았다면, 이러한 도시의 풍경을 만날 수 있었을까.

연결부에서 바라본 남대문시장

이렇게 새로운 도시의 인식은 신세계에 있어서는 기회가 된다. 물론, 신세계는 명동과 가까이하고 싶지, 남대문과 인접하고 싶지는 않을 것이다. 그러나 발상을 전환하여 오히려 이렇게 연결된 남대문상권과 더욱 더 연결을 꾀하며, 보행인들에게 즐거움을 제공하는 방향은 없었는가. 위의 사진을 보면 두 건물 사이로 연결브릿지bridge 하나와 자동차만이 가득찬 풍경을 선사하는데, 이게 아니라 공중보행데크라도 하나 걸어 주었다면 어땠을까 생각해 본다. 그리고 그 옆에 다양한 볼거리와 이벤트를 기획할 수도 있었을 것이다. 그러한 적극적 행동 매개장치는 기왕에 마련된 도시인식의 경험을 더욱 증폭시킬 수 있는 것이다.

C. Lotte, 성채마을 만들기

1) 알 수 없는 야누스Janus적 이름 '롯데Lotte'

롯데lotte처럼 다양한 사업을 하는 그룹은 드물다. 식음료부터 건설을 지나 석유화학, 관광, 레져, 쇼핑까지. 그들은 이 Lotte라는 이름을 가지고 수많은 사업을 펼쳐 나갔다. 그런데 참으로 희한한 것이 롯데라는 이름은 어떤 특정한 이미지를 연상시키기가 매우 힘들다는 것이다. 통상 브랜드라는 것이 고급과 저급의 브랜드로 아니면, 고품질과 저품질의 이분법으로 나뉘는 것이 일반적인데, 이들의 브랜드 롯데는 그 구분이 모호하다. 빙과류를 선전할 때의 롯데와 메이플 타워의 빛을 발하는 금빛 수정체 롯데 캐슬의 격의 차이. 정리하면, 지극한 저급의 키치부터, 고급의 이미지를 잔뜩 뒤집어 쓴 명품의 그것까지 롯데의 이미지는 모두를 포용할 수 있다. 그 말은 상품에 따라, 품목에 따라, 주위의 컨텍스트에 따라 그들의 이미지를 마음껏 바꾸어 놓을 수 있다는 말이다.[44] 이처럼 어떠한 상품 조차 포용할 수 있는 롯데의 브랜드는 그야말로 야누스[45]적이다.

---

44) 삼성이라는 브랜드가 빙과류에 붙어 있다고 생각하기는 힘들다. - 필자 주

45) Janus n.【로마신화】 야누스, 양면신兩面神 《머리 앞 뒤에 얼굴이 있는 문 · 입구의 수호신》

2) 완전한 성채와 거리의 에너지

롯데타운 전경

이들은 '에비뉴엘Avenuel'을 론칭하면서 많은 것을 생각한 듯하다. 물론, 남쪽의 영원한 라이벌 신세계를 의식한 측면도 있겠지만, 명품관의 입점을 통해 전체의 이미지를 명품관의 이미지로 맞추고 있다는 것을 볼 수 있다. 옐로우 스톤으로 마감된 외피의 통일성은 그것을 말해 준다.

명품관 에비뉴엘의 등장을 통해 롯데는 고객의 등급에 따른 공간의 일대일

롯데의 외부벽면

대응을 훌륭히 완성할 수 있었다. 기존의 고객들은 롯데 본점에서 계속 총괄하며 부유층 고객의 눈높이를 위한 에비뉴엘과 경제력이 상대적으로 낮은 젊은 층을 위한 영플라자로 확연한 공간구분을 이루어 낸 것이다. 그림들을 살펴보면,

옐로우 스톤과 줄띠 그리고 반투명 유리를 사용한 약간의 표피와 장식을 통해 이들은 현대 소비공간의 '성채' 이미지를 그려내고 있다. 본래 소비공간은 배너와 입간판으로 대표되는데 이곳은 일체의 그러한 악세서리가 없다. 단지 있어야 할 곳이라 여겨지는 곳에 정확히 있다고 생각되는 초대형 유명인의 초상만이 그려져 있을 뿐, 이들은 이것만으로 충분하다 생각한 것이다.

소공동의 거리

이 그림은 전면도로의 인파를 찍은 것이다. 소공동 롯데는 이렇게 직접적으로 도시 거리의 에너지를 받고 있는 몇 안되는 소비공간 중 하나이다. 대부분의 대형 소비공간들은 지하철역 등의 지하공간을 통해 그 대부분의 유동인구를 담아내지만, 이곳은 지상 또한 지하 못지 않은 유동인구를 가지고 있다. 이들에게 롯데의 입면은 바로 성채의 이미지로 다가간다. 이에 롯데는 누구나 들어갈 수 있고, 누구나 구경할 수 있고, 누구나 쇼핑할 수 있고, 그것에 의해 물신이 만들어지는 희한한 성채가 된다.

3) 에비뉴엘 : 여기에 있는 나는 누구인가.

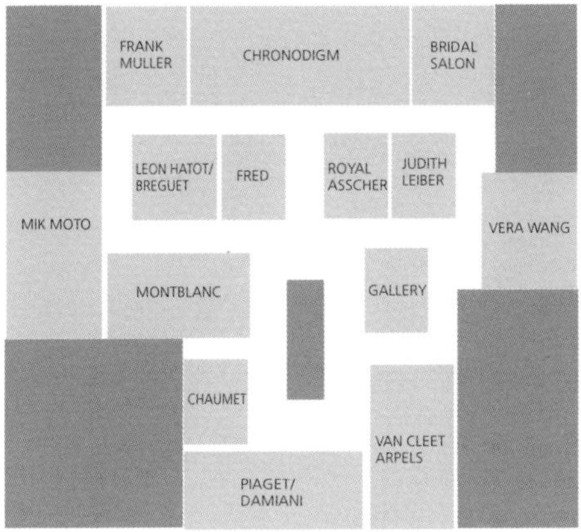

에비뉴엘의 평면

이 그림은 에비뉴엘의 평면이다. 각각의 브랜드들이 개별 독립공간을 가지고 있고, 철저히 그 안에서 움직인다. 물론, 상품들은 대부분 그 안에 감추어져 있다. 이들 명품공간의 폐쇄성은 이곳의 공용공간을 매우 드라이dry하게 만들어 준다. 이곳은 상품과 만나는 것이 주 목적이 아닌 필자같은 사람에겐 매우 불친절하다.

에비뉴엘의 공용공간 1

단지 몇개의 대표상품만을 지극히 제한된 쇼케이스를 통해 만나볼 수 있을 뿐이다. 그곳의 점원들 또한 그들의 고객이 될 만한 사람인가를 판단하는 듯 하다. 어디를 가도 전혀 무관심하며, 별 반응을 하지 않는다. 이쯤되면, **마치 초대받지 못한 사람처럼**, 대부분의 사람들은 그러한 인위적 배타공간에 불편해 하게 된다. 그러면서 다시 한 번 생각하게 된다. '여기에 있는 나는 누구인가.'

또한, 이곳은 매우 단조로운 공간이다. 성채의 아기자기한 맛을 느낄 수 있었던 외부공간에 비해 내부공간은 매우 빈약하기 짝이 없다. 단지 고객의 움직임을 만들어 내는 에스컬레이터만이 있을 뿐, 공간적 연출은 거의 전무하다. 신세계 본관의 부채꼴 평면과 그 중앙의 계단을 통해 건축공간적 측면의 분위기를 획득하고 있다면, 이곳의 평면은 철저하게 건축적 메시지가 **지워져** 있다. 단지 상품의 이미지를 표현하는 쇼케이스와 값비싼 내부 재료 뿐. 물론, 이렇게 건축이 표정을 지어 주어야 상품이 잘 드러날 수 있겠지만, 이렇게 공간연출의 빈약함은 더더욱 소외감을 증폭시키는 데 일조한다.

4) 명품에도 종류가 있다.

좀더 윗층으로 올라가 보면 실내의 분위기가 조금씩 변화하고 있음을 알게 된다.

에비뉴엘의 공용공간 2

저층부에서 보았던 공용공간의 폐쇄성이 조금씩 열리고 있는 것이다. 시각적으로나마 이젠 자신의 경계를 열면서 고객과 만나고 있다. 이른바 대중-명품매장들. 명품에도 종류가 있는 것이다. 물론, 가격 또한 1층의 그것들에 비해선 좀 떨어진다. 이렇게 **상품의 가격차이는 바로 공간으로 권력화되어** 만보객에게 다가가는 것이다.

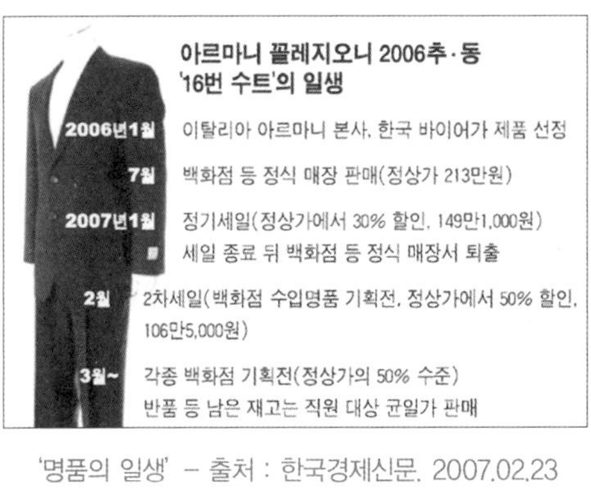

아르마니 꼴레지오니 2006추·동 '16번 수트'의 일생

2006년1월	이탈리아 아르마니 본사, 한국 바이어가 제품 선정
7월	백화점 등 정식 매장 판매(정상가 213만원)
2007년1월	정기세일(정상가에서 30% 할인, 149만1,000원) 세일 종료 뒤 백화점 등 정식 매장서 퇴출
2월	2차세일(백화점 수입명품 기획전, 정상가에서 50% 할인, 106만5,000원)
3월~	각종 백화점 기획전(정상가의 50% 수준) 반품 등 남은 재고는 직원 대상 균일가 판매

'명품의 일생' – 출처 : 한국경제신문, 2007.02.23

'명품의 일생' 이라는 제목으로 나온 매우 재미있는 기사다. 이를 공간적으로 정리해 보면, 명품들은 백화점의 정식매장을 거쳐 세일을 거친 후 퇴출, 다시 기획전의 이름으로 전전하다가 사라지는 것을 볼 수 있다. 좀 비관적으로 보면, 꼭 노동시장에 나오는 노동자의 일생을 보는 것과도 비슷한 것 같다. 대기업을 다니다가 밀려 나오게 되면, 조그만 기업으로 가고, 다시 시간이 지나면, 노동시장에서 사라지는 것처럼 말이다. 명품이 제대로 대접받는 에비뉴엘에서는 확실한 개별공간을 보장받으면서 **상품이 소비자를 선택**하지만, 밀려 나오는 순간부터 명품 또한 그 브랜드를 머리에 달고 소비자의 **선택을 기다리는** 처지가 된다.

명품기획전 : 본관 8층. 2007. 02

8층인가에 있던 명품기획전을 담은 사진인데, 우리가 많이 보았던 매우 익숙한 풍경이다. 여느 일반 시장과 별반 다르지 않다.

5) 푸드코트의 새로운 형식 : 'Street' Foodcourt

기존 방식의 푸드코트 : '대벽면'형 푸드코트

푸드코트라는 벽면으로 식품판매유닛들이 설치되고, 가운데 식음광장에서 모여서 취식하는 공간이다. 이러한 매우 간단한 공간-다이어그램은 시선이 어떻게 상품욕망을 만들어 내는가를 잘 보여 준다. **상품의 집단적 소비는 그 상품에 대한 욕망을 증가시킨다**. 또한, **그곳은 자아를 군중으로 인식**시키기에 혼자 가도 전혀 불편함을 못 느끼는 희한한 공간이 된다.

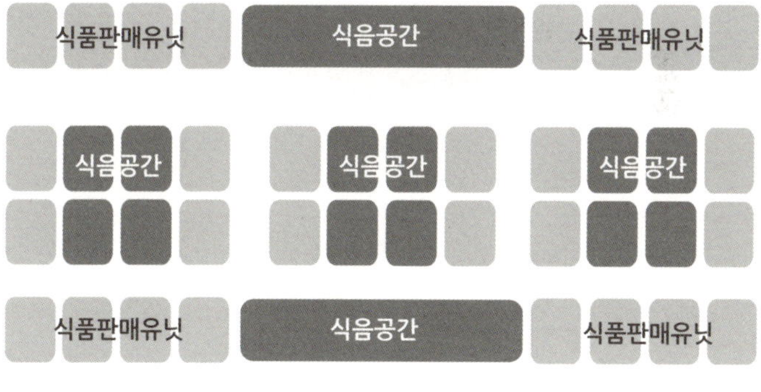

롯데 푸드코트의 평면

소공동 롯데의 푸드코트 평면이다. 그런데 음식판매점들이 여느 푸드코트처럼 벽면에만 있지 않고, 좌석들과 섞여 있고, 심지어는 서로 인접해 이른바 푸드코트의 거리를 만들고 있다. 이것은 매우 다른 풍경을 만들어 준다. 필자가 보기엔 이 정도의 폭을 가지는 공간이면, 충분히 대벽면형 푸드코트의 일반형을 만들어 낼 수 있지만, 롯데는 전혀 다른 형식을 시도한 것이다. 그리고 이렇게 쇼핑거리화된 푸드코트는 매우 색다른 공간을 연출하고 있다. 이곳에서 쇼핑객들은 시선에 그대로 노출된 광장형에서의 집단취식보다 한결 편안한 느낌으로 쇼핑객들은 취식할 수 있다. 또한, 가장 액티비티가 있는 회전초밥과 몽골리안 등을 매장 한가운데로 배치하여 시각적 초점으로 활용하고 있음을 볼 수 있다. 참으로 영리한 자본이다.

소공동 롯데 푸드코트 전경 : 쇼핑거리화된 판매공간과 편안한 분위기의 취식공간

6) 타운메이킹 : '롯데리아' 광장으로 시작되는 짧은 여행

롯데의 소비공간은 말 그대로 타운을 형성하고 있다. 절대 한 장소만을 차지하지 않는다. 롯데마트와 같은 단독점포의 형식 또한 많이 가지고 있지만, 그들은 기본적으로 이른바 장소만들기를 생각하고 있다. 강력한 랜드마크를 획득하는 소비공간을 전면으로 엔터테인먼트, 부대시설들이 줄줄히 들어서는 것이다. 그리고 그것을 통해 서로를 보완하면서 상생하는 이른바 롯데타운을 그들은 이룩하고자 했다. 그리고 그것이 가능했던 것은 그들이 운영하는 많은 다각화된 사업에 기인하기도 한다. 잠실롯데처럼 어뮤즈먼트 파크와 같은 공간은 없지만, 소공동 롯데는

지하광장, 출입구 전경 : '이야기가 있는 쇼핑'의 시작

나름대로 훌륭한 롯데타운을 만들어 내고 있고, 그러한 타운은 '이야기가 있는 쇼핑narrative shopping'을 가능케 한다.

지하의 출입구 이른바 '롯데리아' 광장이다. 그들의 브랜드 롯데리아와 크리스피 도우넛은 그야말로 이곳에선 안성마춤이다. 지하공간은 지상의 성채의 출입구처럼 경계를 만들지 않는다.

롯데타운의 지하 1층은 '롯데리아' 광장부터 백화점과 에비뉴엘, 호텔, 푸드코트까지 연결되는 다양한 루트를 볼 수 있다. 그리고 이렇게 담아낸 평면들이 수많은 수직동선들과 함께 연동하여 층층이 담겨 있는 다양한 공간경험을 가능케 한다. 이렇게 타운화된 소비공간은 매우 다양한 상품전시와 만날 수 있다.

> 에비뉴엘의 명품가게 알마니를 지나 넘버 17 수트를 구경하고, 김치가게에 들러 김치맛을 한번 보고, 생선가게를 거쳐 빵집에 들렀다가 스트릿형 푸드코트에서 점심을 먹고 다시 영화관으로 올라가 영화를 보고, 면세점에 들러 좀 있다 출장가는 아빠편으로 버버리 핸드백 하나 눈에 찍어두고, 크리스피 공짜도넛의 즐거움을 가지고 귀가할 수 있는 것입니다.[46)]

소공동 롯데타운은 이른바 자본의 이상화된 도시city of arcadia for capital이다. 건축평면으로 추상화된 그림만으로는 전체를 설명할 수 없다. 이상화된 도시는 매우 다양한 요소들이 공존하고 충돌하며 상생한다. 그렇기에 이곳에 들어가는 것은 수많은 가능한 공간적 **시나리오 중의 하나를 선택하는 것**이 된다. 그것이 소비공간이 되어 자본이 인간을 길들이는 그 어떤 형국이 될지라도 그러한 시나리오 하나 하나가 축적되면서 롯데타운으로의 도시이미지는 하나 하나 개인들에게 축적되며, 그렇게 축적된 도시이미지 자체를 만보객은 욕망하는 것이다. 일상에 대척된 비일상의 일탈욕망.

또 하나의 측면을 언급하자면, 이곳은 축적된 시간이 있다는 것이다. 이곳 롯데타운은 여느 개발프로젝트처럼 백지의 공간에 단기의 계획에 근거하여 일거에 계획된 것이 아니다. 이곳 소공동은 기억을 가지고 있다. 이러한 축적된 시간은 도시민들에게 각인되어 현존된다. 그렇기에 이 기억은 매우 소중한 것이다. 이들 자본의 이러한 점진적 타운만들기는 한 기업의 지역적 장악이라는 부정적 측면이 분명히 있다. 생각을 바꾸어 필자는 오히려 이렇게 장악된 지역에 대한 자본

---

46) http://blog.naver.com/nook32

의 지역적 기여를 요구해 봐야 한다고 본다. 그래야 진정 성채 같은 도시공룡 빅니스가 좀 더 자신의 영역을 열어 소통케 하는 매력적인 도시경험을 가능케 하진 않을까 생각하는 것이다.

13. 소비공간선언 #1

소비공간의 3요소

소비공간은 다음의 3요소로 구성되어 있다.

1. Sign : 자신의 존재를 알리는 인지물
2. Skin : 영역의 경계
3. Device for Conducting activity : 행동유도장치

상기의 3요소들은 각각의 유형이 존재하며,

소비공간의 성질은 상기 요소의 유형들의 조합Combination으로 결정된다.

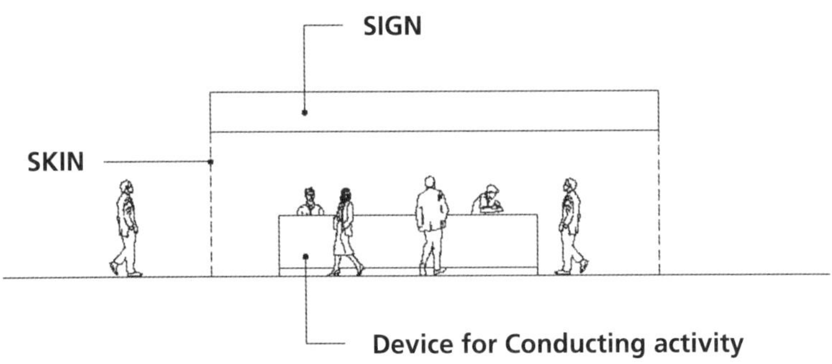

14. 소비공간선언 #2

임대유닛의 성장

임대유닛의 성장은 다음의 과정을 따른다.

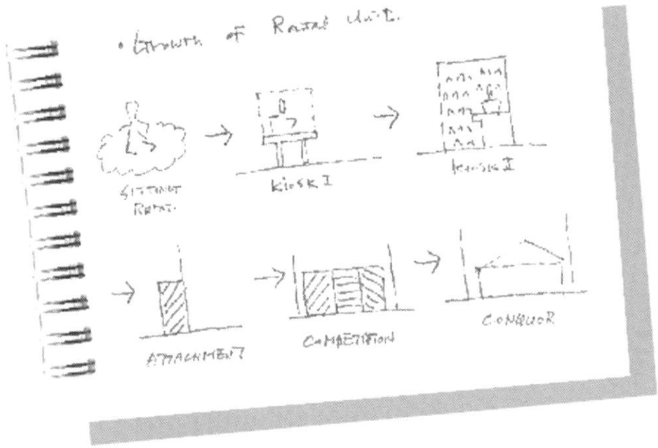

1.a sitting place for retail.

2.Kiosk- earlier

3.Kiosk- later.

4.attached.--> symbiosis.

5.competition.

6.conquest.

15. 소비공간선언 #3

소비공간과 공간의 표준화와 진열밀도의 관계

영등포역 스토리웨이storyway

진열밀도 100, 표준화단계 100 - 키오스크

신사동 GS25

진열밀도 90, 표준화단계 90 - 편의점

응암동 KIM's Club

진열밀도 80, 표준화단계 80 - 할인마트

진열밀도 70, 표준화단계 70 – 백화점 1

영등포 애경백화점 지하 1층

진열밀도 30, 표준화단계 10 – 백화점 2

롯데 에비뉴엘AvenueL 지상 3층

진열밀도 10, 표준화단계 10 – 브랜드샵

프라다Prada 도쿄

1) 공간의 표준화는 진열밀도에 비례한다.

즉, 진열밀도욕구가 증가할수록 표준화의 가능성이 많아진다.

2) 판매상품의 단가가 낮을수록 공간의 표준화와 진열밀도가 높아진다.

키오스크 〉 편의점 or 할인마트 〉 백화점 or 몰

Frederick Winslow Taylor, (1856~1915)[47]

– 해설

진열밀도가 높아진다는 것은 그 만큼 공간의 경제적 활용이 가장 큰 관심사가 된다는 의미로서 MD상의 최효율의 카테고리를 찾는 것이 판매증가에 기여하게 된다. 건축가는 물리적인 공간여분의 흥미를 유발하기 보다는 보다 컴팩트 하면서도 강한 이미지를 구현시켜야 한다. 초고밀도를 요구하면서 지역적 스테이션이 된 편의점 등은 스킨-스케이프skin-scape쪽 등의 접근 가능성이 있다.

또한, 백화점과 같은 고급화매장으로 갈수록 한결 여유로운 디스플레이가 가능한데 그것은 비교적 고가의 상품이 진열되므로 그것에 대한 연출된 진열(환등상)의 욕구가 필연이며, 더더욱 적극적인 건축적 디스플레이의 기회가 제공될

47) 프레드릭 테일러 : 필라델피아에서 출생. 과학적 관리법(테일러시스템)을 창안하여 공장개혁과 경영합리화에 큰 공적을 남겼다. 테일러 시스템은, ① 노동자의 표준작업량(과업)을 과학적으로 결정하기 위한 시간연구, ② 과업의 달성을 자극하기 위한 차별적 임금(성과급), ③ 계획 부문과 현장감독 부문을 전문화한 기능별 조직 등을 축으로 한 관리시스템이다. 1901년 이후에는 주로 테일러 시스템의 보급 · 지도에 힘쓰며 저작에 종사하였다.

수 있다. 렘 콜하스 등의 프라다Prada매장 같은 것을 보면 매우 적극적으로 건축이 디스플레이를 수용하고 있음을 볼 수 있다.

몰mall은 도시이다. 몰이 일정규모를 넘어서면 건축 이후의 건축인 이른바 빅니스bigness이다. 몰은 백화점이 모이고, 할인마트가 모이고, 영화관이 모이고, 브랜드샵brand shop이 모이는 일종의 브랜드 시티brand-city이며, 기반지역 내의 강력한 랜드마크landmark가 된다. 그렇기 때문에 몰이 놓이는 곳은 장소성 발현의 기회를 가져야 한다. 백화점에서 몰로 갈수록 경제적인 논리보다 앞서는 도시적 스케일에 걸맞는 건축적 메시지가 있어야 함이 필연이다.

캐널시티canal city는 장소성을 잘 담아 냈는가?

행복한 소비 – 자본과 건축공간

A HAPPY COMMERCIAL

Part. 2

소 | 비 | 도 | 시

COMMERCIAL URBAN

1. 찜질방 : 도시유목민 최고의 선물

1) 느슨한 경계 – 퍼블릭public과 프라이빗private

찜질방은 여러 가지 행위의 프로그램들이 뒤섞여 있는 혼성건축hybrid architecture 이다. 다음은 이곳에서 이루어지는 행위의 목록들이다.

목욕spa, **사우나**sauna, **취침**sleeping, **맛사지**massage, **TV청취**watchTV, **인터넷**take the internet, **독서**reading, **이야기**talk, **연인과의 스킨쉽**skinship with lover.

이들은 대부분 이용객들의 주거시설에서도 이루어지는 행위들이다. 그러나 여기서 중요한 것은 이러한 프라이빗private할지도 모르는 행위들이 타인들의 존재와 시선이 뒤섞인 반 공공장소에서 이루어진다는 것이다. 프라이빗과 퍼블릭public이 모던의 기능주의가 만들어 낸 일종의 관념이라면 어쩌면 이곳은 모던 이전의 상황으로 회귀한 것일지도 모른다. 중세의 유럽이나 서구의 주택을 살펴 보면, 계급에 의한 영역의 구분은 이루어졌어도 개인과 공공 간의 구별은 거의 이루어지지 않았음을 볼 수 있다. 또한, 이것은 달동네의 주거들이 가지고 있는 거리와 마당의 느슨한 경계loose boundary와도 일맥한다. 이렇게 **고의적으로 설정된 느슨한 경계**는 모던의 담론에 길들여진 이용자들에게 익숙하지 않은 생경한 경험을 제공한다.

2) 규칙들 rules

먼저 이 혼성건축은 몇가지의 규칙rules을 가지고 있다. 이러한 규칙은 익명의 다중이 모이는 곳이기 때문에 꼭 필요한 사회적 약속이다.

– 출입절차상의 룰(퇴장절차는 입장의 반대이다.)

1. 키를 받는다.take the keys
2. 신발을 수납한다.put the shoes in
3. 옷을 벋는다.take off the clothes
4. 옷장키를 몸에 지닌다.have a key for closet
5. 가운을입는다.(마치 유니폼같다.)put on the gown(like uniform)
6. 입장한다.enter into the room

– 입장 후의 룰은 대부분 금지의 룰이다.

1. 음식물은 반드시 매장 안에서 사먹어야 한다.
2. 연인 간의 과도한 스킨쉽은 불가하다.
3. 음주한 후에는 입장할 수 없다.

상기한 규칙은 마치 게임을 연상시키는데, 게임이 규칙에서 만들어 놓은 한계를 넘지 않으면서 쾌락을 극대화하듯이 이곳 또한 마찬가지이다.

찜질방 : 군중시선의 충돌과 인식

3) 시선의식과 존재감의 고양

이렇게 느슨해진 경계 안에서 먼저 설정된 규칙을 타고 이용자들의 시선은 사방으로 교차한다. 그것은 바로 라캉Lacan의 타자개념[48]이라 할 수있다. 바로 이용자들은 타인의 시선을 의식gaze perception하면서 자신의 존재감이 고양됨을 느낀다. 그렇기 때문에 외롭지 않은 것이다. 이것은 아마도 노마드nomad들에겐 최고의 선물이라 할 만하다.

4) 휴식일상을 제공하는 라이프포럼 life forum으로

찜질방은 더 이상 개인적인 세신만을 위한 공간이 아니다. 이곳은 여가라고 할 수 있는 여러 가지의 재충전 행위들을 수용하고 촉발시키며, 휴식의 일상을 제공하는 엔터테인먼트의 장이며, 또한 익명의 다중 속에서 자신을 위치시키며 시선인식을 통한 존재감을 고양하는 일상생활의 광장daily-life forum이 된다.

---

48) 라캉의 입장에서 '나'의 존재란 사회와 문화라는 영역의 일부이며, 그 영역은 '나'의 존재의 유무와 관계없이 존재해 왔고 또 존재할 것이다. 즉, 인간의 망막과 세계 사이에는 무수한 시선이 만들어 내는 網狀組織이 있다. '내'가 무엇인가를 바라본다는 것은 이러한 망상조직과 調律하는 것이다. 라캉의 이론적 틀에 의하면 주체는 시각적 영역의 중심에 서 있지도 않고, 그 시각적 영역을 통과하는 시선을 통제할 수도 없다. 즉, 보는 '나'는 동시에 타자의 보임의 대상에 놓여 있는 것이다. 이러한 잠재적이고 집합적인 타자의 시선을 라캉은 凝視 Gaze라고 정의한다.(Lacan, 1978 : 67-119). - 建築과 觀客 : 消費文化의 商店建築. 김성홍.

2. 병원 = 리테일 : 상품화되는 의료행위

– 소비자로서의 환자와 판매자로서의 병원
: 병원 = 종합의료행위의 백화점.

1) 전체적 프로그램

병원의 공간구성을 살펴 보면, 어떻게 소비자로서의 환자들에게 의료서비스라는 상품을 제공하고 있는가를 볼 수 있다. 집중적인 치료가 필요한 환자들을 위해 입원치료라고 하는 공간을 제공하는 **병동부**ward와 초기환자 및 내왕진료가 필요한 환자들을 위해서는 **외래진료부**outpatient-department라는 공간을 제공한다. 대부분의 병원들이 초기에 환자를 맞이하는 장소가 외래이므로 그곳의 공간은 자연스럽게 매우 북적스러움을 의도하며 널찍한 로비와 인테리어가 된 분위기를 제공하여 환자들의 심신을 안정시키고 있다.

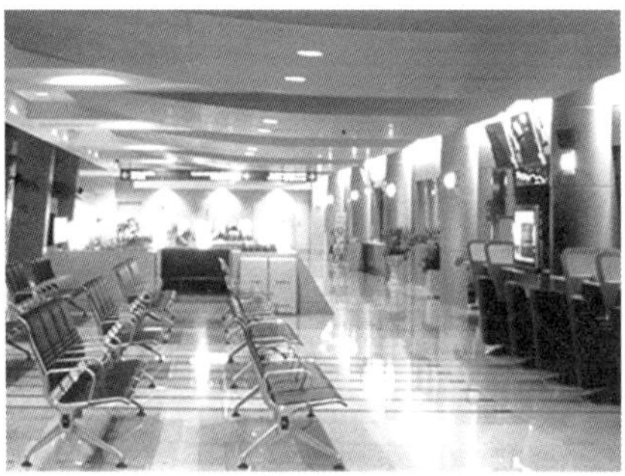

인테리어가 된 로비 : 연세대 세브란스병원

중앙진료부Intensive care department는 현대 의료행위들을 수행하는 집중적인 의료행위 생산의 공장이다. 그렇기에 이곳은 기계의 장이다. 대부분의 의료행위는 인간의 수족이 아닌 미디어를 통한 대체경험을 통해 이루어진다. 그렇기 때문에 완벽한 인공환경의 조성이 필요하다. 완벽한 메이크업 공조, 조명을 통해 의사를 대신하는 기계들이 인간을 치료하고, 제어하며, 검사하고, 내보낸다.

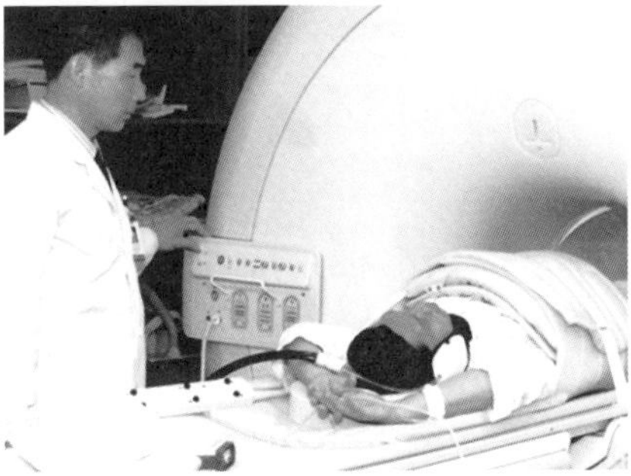

중앙진료부 : 기계에 의한 집중치료공간

진료부와 병동부를 제외한 나머지는 대부분 그 둘을 지원하는 서비스기능들을 담당하게 되는데, 병동부를 지원하는 각종 **서비스부문** 즉, 식품, 세탁, 휴게시설 등과 진료부를 지원하는 의무기록, 교수연구, 의국 등으로 구성된다.

2) 병원건축 = 거대기계

병원건축은 정확한 의료행위와 그것을 뒷받침하는 서비스동선, 그리고 그것들이 만들어 내는 각자의 고유한 영역들이 정확한 위치에 정확한 관계 속에서 배치되어야 한다. 그렇기 때문에 병원건축은 철저한 테일러Tayor적 동선이 지배하고 있는 그리고 철저한 푸코Foucault의 감시의 시선이 존재해야 올바르게 작동할 수 있는 거대기계이다.

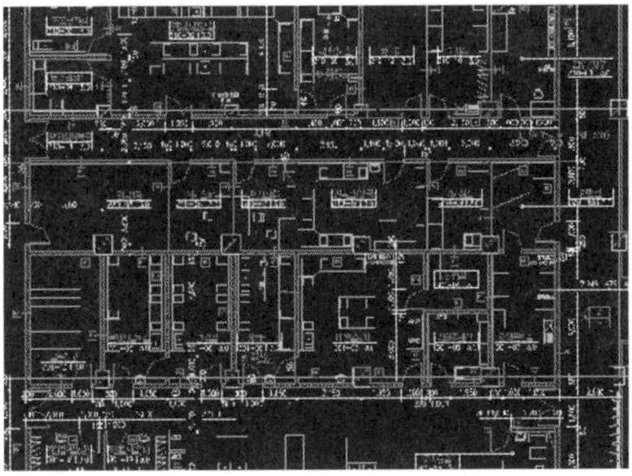

기계적 건축 = 병원건축

3) 상품화되는 의료행위 : 코드화, 표준화, 상품화

인간은 병을 타고 나는 동물이다. 그렇기에 병에 걸리는 것은 어찌보면 당연한 동물적 현상이고 그것을 치료하는 것 또한 그에 맞게 진전해 왔다. 질병을 치료하는 개념은 **병이라는 것을 하나의 추상체계로 코드화**를 한 후 그것에 맞게 귀납적으로 대응하여 소위 정상의 상태로 돌려 놓는 행위일 것이다. 여기서 현대인의 질병은 철저하게 코드화cordification를 거치게 되며, 각각의 코드, 즉 질병의 유형들은 각각의 진료행위에 의해 다시 코드화가 되고, 그것에 의해 의료행위에 대한 댓가를 지불하게 된다. **코드화라는 말은 일종의 표준화** standardization **이다.** 표준화된 질병의 종류에 맞춘 표준화된 치유의 개발. 그렇게 한 번 코드화, 표준화가 이루어지고 나면 그 이후는 저절로 **상품화**의 길을 걷게 된다.

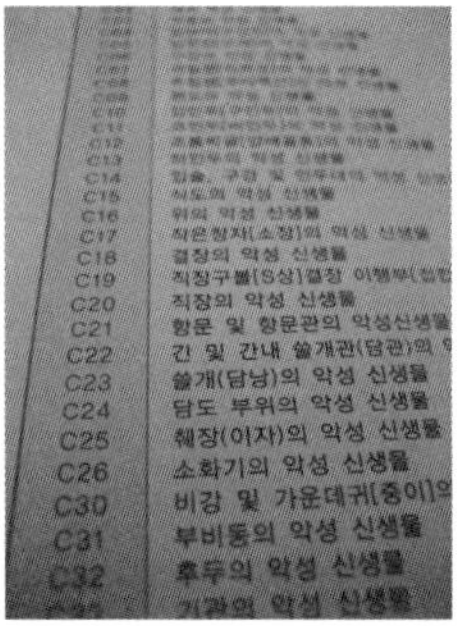

코드화된 각종 질병목록들

4) 치유상품의 변천

필자는 10년 전에 종합병원설계의 경험을 했었다. 그 때와 지금이 상품으로서의 의료행위의 틀이 많이 변하지는 않았다. 특히, 병동부의 침대의 크기에 의해 결정되는 6.3m의 병원모듈은 아마도 인간의 신체사이즈가 바뀌지 않는 한 변화는 어려울 것이다.

그러나 중앙진료부에서는 많은 구성요소들의 변화가 눈에 띈다. 요즈음 필자가 접하는 진료부의 프로그램들을 보면 10년 전의 종합병원이 요구했던 프로그램들에서 많은 변화가 있음을 알 수 있다. 수술방 증가, 응급부의 증가, 검진센터 기능의 강화에 따른 새로운 실의 탄생, 암센터기능의 강화, 임상부문의 면적 축소, 전체적인 중앙진료부의 면적 축소 등이다.

5) 종합의료행위의 백화점

그런데 곰곰이 그 변화의 양상을 살펴 보면 새롭게 부각되는 병들이 나타나고, 그것에 맞추어 새로운 치유상품들이 개발되고 있음을 볼 수 있다. 또한, 검진센터의 기능 강화적 측면은 매우 흥미롭다. 물론, 보험이 안 되는 영역이라는 경제적인 이유도 있지만, 그곳의 주변은 각종 질병의 홍보물들이 넘쳐난다. 그리고 그것을 접한 현대인은 한 번쯤은 자신이 어떤 병에 걸려 있지는 않은가 하는 의심을 하게 되며, **자신의 경제능력에 맞는 검진상품을 구매**하게 된다. 모 병원은 공통검진을 기본으로 한 후, 각종의 검진을 일종의 테마화하여 연령별로 성별로 구분하여 판매하기에 이른다. 현대의 종합병원은 **모든 질병을 '진열' 한 후 치유상품을 판매**하는 종합백화점인 것이다.

3. 테마파크 : 압축된 자본의 외양

1960년대의 코니아일랜드 Coneyisland 의 모습

도시의 공원은 크게 2가지 목적으로 발달하게 된다. 하나는 도시민의 휴식을 위해 자연환경을 재현하고자 하는 목적이고, 하나는 지적인 여흥이나 오락을 제공하려는 이유이다. 전자는 악화되어 가는 도시환경에 대한 반작용으로 등장했다. 이상향적 이미지를 모델로 한 쾌적한 자연환경에 둘러싸인 상태는 도시민들에게 이상향과 동일시 된다. 이후 도시화가 진행되면서 중산계급의 거주지를 마련함에 있어 도심 곳곳의 공원이 계획단계에서 확보되었다. 후자는 도시와 공업이 발달함에 있어 함께 나타난 식물원, 박람회와 같이 도시민의 지적 호기심과 쾌락의 욕구를 채워 주는 새로운 도시의 여흥거리가 필요했고, 그것은 또한 도시의 압축된 풍경이기도 했다.[49)]

1) 코니아일랜드 Coney island 와 창경원

예로부터 테마파크 Theme park (사실은 어뮤즈먼트파크 Amusement park 가 맞는 표현이다.)는 도시와 비견되어 왔다. 전략가 렘 콜하스 Rem Koolhaas 는 그의 명저 '정신착란증의 뉴욕 delirious new york' 에서 메트로폴리스 뉴욕의 탄생을 그리면서 제일 처음 코니아일랜드를 언급한다. 그는 그곳 코니아일랜드를 영아기의 뉴욕을 보여

49) 현대 도시건축의 공원개념에 관한 연구 – 이선미, 서울대 석논, 2004

주는 대표적인 예라고 말한다. 그곳은 철도가 있었고, 타워가 있었고, 비행선이 있었고, 전기가 있었으며, 놀이기구, 우주선이 있었으며, 하나같이 일상에서 볼 수 없었던 19C 말엽의 비일상과 신기의 이미지를 잔뜩 제공하고 있었다고 묘사한다. 그리고 그런 신기술의 환상에 매료된 시민들이 오늘의 뉴욕을 만들었다고 한다. 자본이 만들어 주는 환등상의 신화가 그 동력원이었다는 이야기이다. 그 당시엔 얼마나 신기했을까. 이 불빛에 매료된 환상의 장소.

창경원과 케이블카

그건 한국의 상황에서도 마찬가지였을 것이다. 최초의 테마파크로서의 창경원은 그 당시의 모던의 환등상을 여실히 보여 주었다. 필자 또한, 그 시절의 모친의 손을 붙잡고 갔었던 '청룡열차'의 생생한 기억을 가지고 있다. 모던의 기술은 그렇게 우리의 신체에 기계적 힘, 전기모터의 감수성을 새겨 넣는다.

2) 테마파크의 요소들

다시 렘 콜하스가 엮은 '쇼핑shopping' 을 보면 디즈니Disney 공간을 이야기하면서 다음 4가지의 요소들을 언급한다. 요약해서 인용하면 다음과 같다.

Disney space

- What we' re selling is a belief in fantasy and storytelling, and if the background is' nt believable, people wouldn' t buy it.
- Disneyland is designed by animation
  ① cinematography(영화적 기술)
  Cinematographic tech allow visitors to experience the park as if they have entered a film. Disneyland is designed as a sequence of events.
  ② Scale manipulation(스케일 조작)
  Alice' s world is enhanced by the manipulation of scale to distort volume and form.
  ③ forced perspective(조작된 시야)
  Imagineers trick the eye into seeing structures as larger and taller than their actual size.
  ④ 'Wienie' (위니, 일종의 랜드마크)
  It is a focal point, visible from any place in the park and orienting the visitor back toward the central hub. Each smaller land has its own minor wienie.

애초부터 디즈니는 영화산업을 기본으로 하는 자본이었기에 그들의 이 공원은 그야말로 영화적인 기술을 물화物化한 장소가 되어야 했을 것이다. 또한, 스케일조작과 조작된 시야는 좀더 만지기 쉬운 일상, 기술에 정복되어 왜곡-재현된 일상을 보여 주며, 이렇게 조작된 현실의 감상은 도시민에 새로운 비일상을 제공하여 주었다. '위니wienie' 는 일종의 랜드마크로서 어디를 가나 인식 가능한 일종의 모뉴멘트monument로서 기능한다. 여기에 필자의 견해를 보태 다시 그려 보면 이렇다.

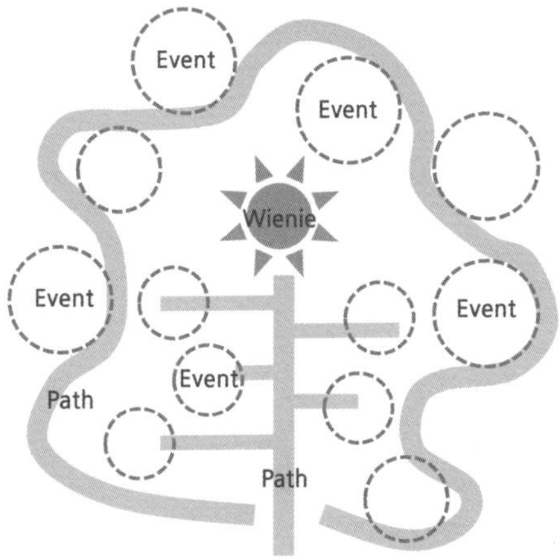

테마파크의 기본 다이어그램(필자 주)

테마파크 = '위니Wienie(랜드마크)' + 행위event + 통로path

필자의 견해를 염두에 두고 다음의 그림들을 살펴 보자.

서울랜드

서울랜드이다. 볼Ball로서의 위니Wienie가 보이고, 내부의 동선을 만들어 내는 물길, 내외를 구분하는 통로Path, 그리고 펼쳐져 있는 이벤트event를 볼 수 있다.

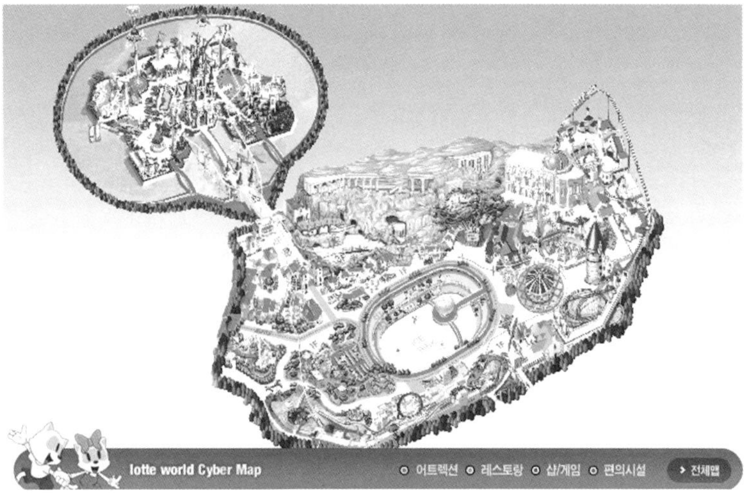

롯데월드

롯데월드에서는 매직아일랜드의 위니를 중심으로 실내의 공간과 실외의 공간 모두에서 상기의 3요소를 볼 수있다.

3) 단절의 유토피아

상기한 통로Path는 내부의 이야기를 만들어 내는 것과 내외의 단절을 꾀하는 길로 나뉜다. 여기서 단절의 의미는 중요한데, 그 배경으로서의 도시와 자연에 대해 테마파크는 기획되어진 고립의 섬이다. 여기서 데이빗 하비David harvey[50]의 말을 빌려 보면, 토머스 무어Thomas Moore의 유토피아를 논하면서 이렇게 언급한다.

50) 데이빗 하비. 존스 홉킨스 지리학과 교수. 공간과 도시를 정치경제학적으로 접근하는 특유의 논법으로 도시를 둘러싸고 있는 자본의 운동이 지닌 여러 양태에 대하여 논의함과 동시에 도시 일상생활 속에서 개인들이 형성하는 의식과 경험의 측면을 부각, 자본주의 의식의 도시화 과정을 강조한다. - 도시의 정치경제학서론

> 토마스 무어경의 유토피아는 사회적 조화와 안정을 위해 화폐, 사유재산, 임노동, 착취, 내적 상품교환, 시장과정 등의 잠재적인 사회적 분열요소를 배제했다. 사회적, 도덕적 질서의 행복한 완성은 이러한 배제에 의존한다. 이들 모두는 철저하게 조직된 공간형태를 통해 확보된다. 유토피아는 고립되고, 일관되게 조직되며, 대체로 폐쇄공간경제로서 기능하는 인공적으로 창조된 섬이다. 개괄적으로 말하자면, 공간적 형태가 시간성을, 즉 상상된 지리가 사회적 변화와 역사의 가능성을 통제한다.[51]

테마파크는 일단 자본의 환등상과 그것이 만드는 운동, 그리고 소비자 이외엔 그 어떠한 물리적 행동과 법칙을 용인하지 않는다. 오로지 구경하고, 탑승하고, 소비하는 것만이 허용된다.

4) 미래의 테마파크는?

현재의 전통적인 형태-디즈니류와 같은- 어뮤즈먼트 파크는 그 다양성이 더더욱 증가할 것이다. 특히, 이들은 기존의 전략대로 새로운 시각화의 물리적 구현이 집중할 것[52]이며, 또한 각 지역들이 가지는 특성[53]을 가지고 발전될 것이다.

또한, 테마파크는 이미 개발논리로서 사용되는 이벤트와 경관만들기라는 측면에서 다른 방법으로의 공간구축에 기여하고 있다. 그리고 또한 이러한 측면을 거꾸로 보면, 미래의 테마파크 또한 이렇게 다른 분야에서 되돌아 올 수 있는 가능성을 열어 놓아야 한다.

본 고에서는 4가지의 유형으로 정리하고자 한다.

---

51) 도시의 정치경제학 - 데이빗 하비. 2001

52) 비근한 예로 현재 유니버설 스튜디오에서 운영 중인 워터월드와 같은 것은 2차원의 영상을 그대로 3차원으로 재현한 후 이벤트를 결합하는 형식이었다면, 터미네이터 2 같은 경우는 가상세계를 시각적 구현물로 이용하고 있다. 미래의 형식은 좀더 다양한 경험을 제공하는 것이 가능하지 않을까. 예를 들어, 어느 건물을 들어갔더니 블레이드 러너의 도시가 눈 앞에 펼쳐지는 것처럼. - 필자 주

53) 지역별로 운영되는 어뮤즈먼트파크들은 지형별, 테마별로 이미 다양하게 시험, 운영되고 있다. 그러나 산이면 경관, 바다면 레포츠 등과 같은 천편일률적인 개발에서 탈피하여 좀더 신선한 접근이 필요할 것이다. - 필자 주

– 유형 1 : 형상요소의 조합과 이벤트의 비결정성 Pictorial element classification, Tschumi

라빌레뜨Lavilette 공원

라빌레뜨Lavilette 공원의 국제현상경기는 그 당시에 세계적인 반향을 불러일으켰다. 스위스의 건축가 츄미Tschumi는 이 공원을 기존의 방식으로 재개발하는 것이 아닌 러시아 구성주의가 제시했던 건축논리의 실험을 이끌어 낸다. 점, 선, 면으로 정리되는 형상적인 기본요소만으로 이벤트를 만들어 내는 것을 통해 해체주의가 가지는 비결정적 프로그래밍의 최초의 선례를 보여 준다.

우리는 이를 통해 비결정성이 줄 수 있는 도시의 새로운 가능성을 시험해 볼 수 있지 않을까.

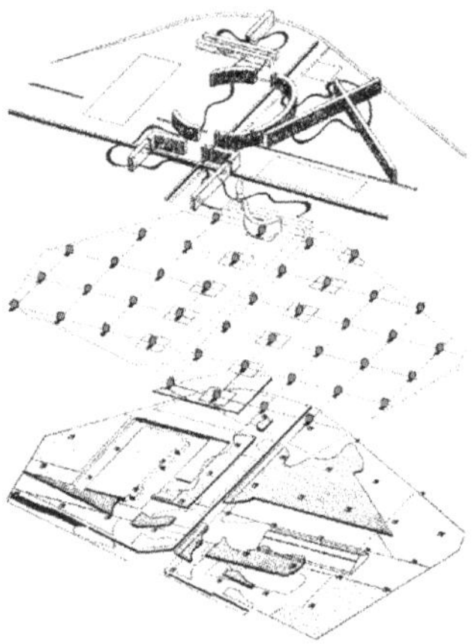

라빌레뜨의 조형원리 : 점, 선, 면의 기본조형 + 비결정 프로그램

– 유형 2 : 적층되어 응축되는 형상 One box contained, MVRDV

MVRDV라는 젊은 네델란드의 건축가 집단은 매우 독특한 발상을 한다. 본래 국제박람회라는 장소는 각 나라들마다 자신의 고유한 문화에 근거한 새로운 기술 등을 전시하고, 경험을 소개하는 장소이다. 그렇기에 초기 모더니즘의 큰 줄기는 박람회에서 모티브가 된 것들이라 해도 과언이 아니다. 여기에 이들은 자신의 국가 네델란드를 대표하는 건물을 정해진 대지경계 내에서 한계되어진 상황을 뛰어 넘는다. 그것은 바로 층들을 적층시켜 연속된 움직임을 만들어 내고 자연과의 움직임을 기획해 낸다. 이를 통해 이들은 수직적으로 적층되며 하나의 박스에 응축된 새로운 형식의 테마파크를 제안한 것이다.

MVRDV – Holland관 in Honover Expo

– 유형 3 : 조정되는 경관의 생성 – 도시만들기engineered surface and landscape, HEANN

도시는 서두에서 언급했듯이, 성립단계에서부터 공원(넓은 의미의 어뮤즈먼트파크)과 매우 밀접한 관련을 가지게 된다. 현재의 이러한 경향을 볼 수 있는 것이 바로 도시설계분야이다. 2007년 벽두를 장식한 해안건축의 행복도시 마스터플랜을 보면 설계 당시의 컨셉들이 흡사 공원의 경관을 만드는 것과 유사함을 알 수 있다. 어뮤즈먼트파크에서 다루어지는 시각적 조정control과 경관의 기획이 도시설계를 하는 설계기획단계에서부터 메인아이디어로 적용되고 있는 것이다. 이는 분명히 르꼬르뷔제가 제시하는 죠닝zonning과 위계hierarchy에 의해 조정되는 도시와는 분명히 다른 것이다.

중심행정타운. 해안건축 2006

- 유형 4 : 도시의 인프라와 함께 하는 테마파크 beneath the infra or elevated road, CafN or Yuricamome

도시의 영역까지 확대된 테마파크는 다시 기존의 고가도로와 같은 도시의 인프라 시설들의 활용에서도 확대될 수 있다. 필자의 CafN에서 기획한 '유목민의 도시 위에 뜬 도시고리'는 기존의 도시환상선 밑의 공간에 도시의 기본요소들을 대입하고 그것을 거리에 따라 배열, 증식하는 프로그램을 제안한다.

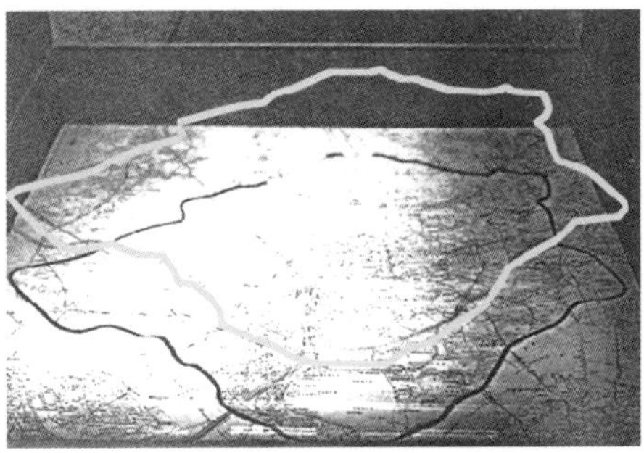

유목민의 도시 위에 뜬 도시고리. CafN

일본의 유리카모메는 이러한 도시의 인프라스트럭처infra-structure를 이용한 테마파크화의 전략을 볼 수 있다. 경전철이 제공하는 선형적 움직임들은 각 지역들의 랜드마크landmark(후지티비, 도쿄빅사이트 등) 들과 묶여 하루나 이틀코스로 경관을 소비할 수 있는 테마파크의 또 다른 접근이 될 수 있다.

유리카모메라인. 동경

4. 압구정 : 그 표피의 겉과 속

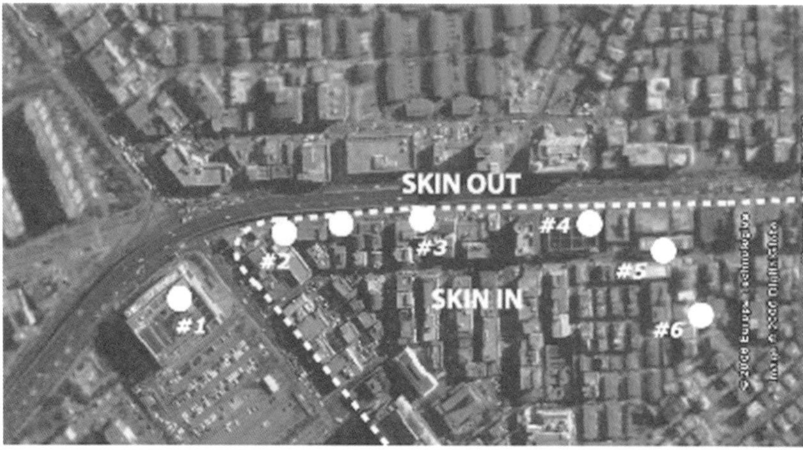

오늘도 필자는 압구정역에서 나온다. 눈앞에 보이는 00백화점. 어느 누구는 이곳을 보고 '상품의 성전'이라 칭한다. 대리석의 판판한 건물의 코니스가 돋보인다. 그 신전에는 누구나 입장은 가능하지만 누구나 대접을 받지는 못한다. 그 앞에 놓여진 빈 공간에는 젊은 남녀들이 마치 자신들이 마네킹이라도 되는 듯한 표정과 몸짓으로 시선을 유혹한다. 그들은 상품의 신전 앞의 문지기들이다.

상품의 성전 : 00백화점

길을 건너 남쪽을 향해 걷는다. 수많은 성형외과들. 이곳은 일찍이 신체의 미를 수술, 봉합하는 상점들이 많이 들어서 있다. 그들의 간판 밑으로는 오늘도 짙은 선글라스를 끼고 마스크를 한 이상한 차림의 여성들이 지나다닌다. 지하철 역에서 밖으로 나올 때의 선전문구의 반 이상이 이 성형외과의 선전이다. 그 중 어느 코 큰 의사의 사진은 TV에서도 많이 본 얼굴이다. 이곳의 성형외과는 이러한 얼굴미의 재구축 욕망을 판매하는 상점들이다.

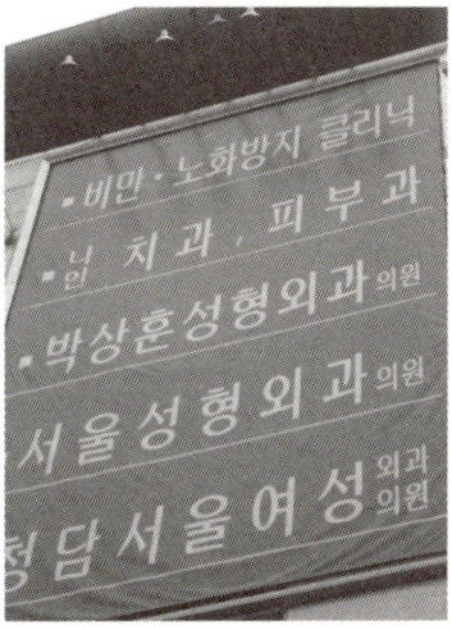

신체미의 이미지를 파는 상점 : 성형외과

00어학원. 소위 이곳을 거쳐야 유학을 제대로 갈 수 있다는 그곳이다. 건물의 1층에는 커피숍이 있다. 그리고 단 1층에만 커피자판기가 없다. 그렇게 그 둘은 공생한다. 그리고 그 불편함에, 그리고, 때로는 자신이 압구정인이라는 지위를 획득하기 위해 기꺼이 몇천원의 거금을 지불하며 커피를 사 마신다. 학원강사들

00어학원

은 별반 다르지 않은 듯 보인다. 그런데 학생들이 눈에 뜨인다. 제법, 정통 압구정인의 자제임을 자부하는 2세들과 그들의 명품의 아우라에 기죽은 그러나 절대 압구정인임을 벗어나고 싶지는 않은 짝퉁 압구정 2세들이 있다. 그들의 눈에는 이런게 읽혀진다. 가진 자의 진정한 여유가 아닌 무언가 부족한 가식의 아쉬움이랄까. 그러면서도 그들은 그러한 **'있어 보이는 것을 보여 주는 것'** 을 학습한다. 그런데 그러한 아쉬움을 느끼게 한다는 건 학습이 좀 덜 되었다는 것이다. 몇몇은 좀 더 분발이 필요해 보인다. 허영에 대한 학습.

스타벅스Starbucks는 압구정동과 가장 잘 어울리는 브랜드가 아닐까. 아니나 다를까 스타벅스가 이곳엔 50m를 사이에 두고 위치한다. 그런데 두 곳 다 성황이다. 스타벅스의 플라스틱컵을 들고 거리를 횡단하는 건 이곳 압구정 보행의 일종의 유행이다. 젊은이들은 나름대로 이곳에서 커피를 마시고, 압구정을 이야기한다.

대표적인 압구정적 브랜드 : 스타벅스

제법 큰 건물들이 지어지고 있다. 여러 필지들을 합필하여 개발의 마인드를 불어 넣은 일종의 '시행형 건물' 들이 들어서고 있다는 것이다. 1층과 2층은 커피샵, 유명 프랜차이즈, 일본식 주점, 식음료점, 드럭 스토어drug store들이 들어서고, 3~5층까지는 전문 샵, 음식점, 성형외과, 그리고 꼭대기는 휘트니스클럽. 자본의 기획력과 땅의 포용력이 결합하여 만들어 놓은 아주 좋은 조합이 아닐 수 없다. 그리고 이 건물은 도로변에 최대한 붙여 거리의 에너지를 흡수하면서 가운데 남겨 놓은 중정의 풍요로움을 의도할 수 있는 최대한의 대지를 확보하였다.

'시행' 되어 나타난 신생건물의 중정

조금 거리에서 들어온다. 가끔 눈에 보이는 사우나는 도시의 오아시스oasis이다. 그건 술독에서 깨어나는 즐거움을 느끼기 위해 이곳에 오는 것이다. 그런데 대부분 이곳은 심신을 쉬러 온다는 분명한 목적이 있는 것임을 알기에 간판도 일반적이고, 공간도 일반적이고, 인테리어도 강북 어느 지역의 그것과 별반 다르지 않다. 조금 더 들어온다. 서서히 압구정이 만들어 내는 이미지 권역에서 멀어지고 있음을 느낀다.

도시의 오아시스 : 사우나

주택가로 들어선다. 이곳은 대로변에서 정확히 2블럭이 떨어진 곳이다. 거리로 따지면 50m 정도 안으로 들어 왔다고 보면 된다. 이곳은 사진만 보면 이곳이 압구정인지 아닌지 전혀 알 수가 없다. 부천의 어느 주택가나 다를 것이 없다. 길가엔 놀이터, 늘어선 대문들. 길거리의 사람들. 50m의 거리가 만들어 낸 차이는 이렇게 크다.

압구정의 '고추방아간'

결론 : 극한의 대위법對位法

상부도시 = 환등상의 도시
VS
하부도시 = 실존의 도시

압구정은 양면을 가지고 있다. 그리고 그 변화는 정말로 극단적이다. 소비공간에서의 도시는 그곳에 걷고 있는 도시인 자체를 상품으로 만들어 버린다. 그리고 발걸음을 몇걸음만 돌려도 전면의 화려한 환등상의 도시에 인프라infra로서의 하부도시가 존재한다. 상부도시가 환등상의 도시라면, 하부도시는 실존의 도시라고나 할까. 상품의 세계에서 자유로운. 실존의 도시. 우리는 상부도시에서 자신의 사회적 신분을 확인하며, 하부도시에서 애환을 위로받는다.

사람들은 압구정을 욕망한다. 그리고 자신의 동일성을 이곳에서 확인하려 필사적으로 오고 또 온다. 그렇게 해서 만들어지는 자본에 의한 신분적 상승감을 그들은 느끼고 싶은 것이다. 사는 곳은 압구정이 아니더라도 압구정을 그들의 발밑에서 딛고 있는 한, 그들은 압구정인이 됨을 인식하는 것이다. 그렇게 해서 압구정은 다시 강화되며, 다시 재구축되며, 소비된다. 이 즈음에서 압구정은 하나의 신화가 된다.

상부도시 = 환등상의 도시

VS

하부도시 = 실존의 도시

5. 신사동 : 자본의 작동방식

점심을 먹고 나서 계산을 직원에게 맡기고 잠시 눈 돌릴 때가 없어 고개를 드는데

이 건물이 들어 오더군요.

마치 정리 안 된 꼴라쥬collage를 보는 느낌이 들면서도 왠지 모르게 아름답다는 느낌마저 들더군요. 거 왜 현대인의 삶을 그대로 나타내 주고 있는 것 같은 그런 기분 말이죠. 다시 또 자본 이야기이지만 자본이 삶의 양식을 결정해 주고 그것의 한 단면으로서의, 한 현상으로서의 건축이 나타난다고나 할까요.

그런 의미에서 이 건물은 굉장히 솔직히 자신의 몸뚱아리에 자본이 어떻게 부착되어 있고, 그럼으로서 나타나게 되는 꼴라쥬collage적 외양을 여실히 보여 주고 있더라구요.

1층은 세탁소에요.

근생의 프로그램 중에서 가장 필요한 인간의 삶을 영위하는데 필요한 곳이죠. 이런 생필품의 프로그램들은 환등상을 만들 필요가 없어요. 그냥 이곳이 세탁소이고, 그것에 맞게 자신의 존재를 알릴 수 있는 간판만 필요로 하지요.

2층이 새로 들어온 네일아트샵nail artshop**이더라구요.**

1달 전부터 공사를 해온 곳이었는데 무엇이 들어 올까 궁금했거든요. 공사중에서도 빨간색의 벽이 아주 인상적이었어요. 이곳은 이 건물의 가장 비싼 임대료를 지불하는 곳일 것이고, 마찬가지로 그것에 맞게 이익을 창출할 수 있도록 기를 쓰고 환등상을 만들어 내야 하는 곳이겠지요. 빨간 벽과 야간에 점등될 조명, 그리고 투명한 유리커튼월이 만들어 내는 투명피막의 모던함이 느껴지는 곳이었어요. 기존의 건물에 완벽히 자생하면서도 전혀 이질적인 프로그램의 이식transplant쯤으로 해석되더군요.

3층은 피씨방PC room**이에요.**

그런데 본 건물의 창이 나름대로 모양을 내려고 한 베이윈도우bay window임에 틀림없는데 그것을 기필코 막아야 하는 폐쇄공간의 안쓰러움이 느껴지더군요. 피씨방은 컴퓨터가 만들어 낸 가상현실을 제공하는 공간이기에 어쩔 수 없지요. 그래도 집주인은 자신의 창을 막아서라도 기어이 이 아이템을 받아 들여야 했는 모양이지요. 프로그램과 집의 형태와의 디스코드discord라고 불러도 좋을 듯 해요.

4층은 사진관이었어요.

근데 4층에 사진관이 말이 좀 안되는거 같지 않으세요? 물론, 특정한 목적공간이 되어야 4층 정도를 올라 갈텐데, 이 건물은 틀림없이 엘리베이터도 없을 것이고. 참 궁금하더군요. 혹시 집주인이 사진을 전공한 사람이려니 하면서, 아니면 특수한 사진을 판매하는 곳이려니 하면서 넘어가려구요.

이들이 만들어 낸 간판들을 보세요.

그냥 몸뚱아리를 제공하고 있는 묵묵한 건축물과 그것에 중구난방으로 붙여진 간판들. 아마도 간판들을 만들어 낸 제작사도 다를 것이고, 각각의 단골들은 따로 있을 것이니까. 그래도 이러한 이질적인 풍경들이 왠지 오늘은 정겹게 다가오더군요.

마지막으로 건물을 한 번 보세요.

묵묵한 모태공간으로서의 실제적 콘크리트 구축물practical structure of concrete as a mother-base. 자본과 인간의 삶은 그곳에 장소를 뿌리 내리고 오늘도 열심히 일상들을 만들어 내고 있겠지요. 세탁소의 주인은 열심히 드라이를 할 것이고, 네일아트샵의 아가씨는 열심히 메니큐어를 손님의 손톱에 칠하고 있을 것이고, 그 옆에 나는 물끄러미 이 구축물을 보고 있고..

깔끔한 상업의 건축물이 소비거리의 주인공이면서 비일상을 제공하는 장소라면, 아마도 이러한 혼성의 건축물들은 **현대인의 일상을 제공하는**provide our daily life 진정한 주인공이 아닐까 싶더라구요.

아니면 생각을 반대로 오히려 깔끔한 상업의 건축물이 이젠 우리의 일상으로 침투하고 있는 과정으로 볼 수도 있을 것 같아요. 이젠 우리는 일상의 편안함을 제공받는 것이 아닌, 깔끔하게 정돈된 상업건축(굳이 상업건축물만이 아닌, 요새의 아파트도 마찬가지 아닐까요. 첨단의 기술을 자랑하지만 별로 쓰이지 않는 홈 인텔리젼트 시스템home implements)의 생경한 분위기에 우리를 훈련시켜야 할지도 모르겠습니다.

6. 양재동 : 역동적인 도시의 점,선,면

양재동良才洞은 조선 말까지 경기도 과천군 동면 양재동으로 불렸으나 1963년 서울특별시에 편입되었다. 1975년에 강남구에 속했다가 1988년 강남구에서 서초구로 분리, 신설됨에 따라 양재동은 서초구에 속하게 되었고, 1992년 양재동은 1 · 2동으로 분리되어 오늘에 이르렀다. 양재동은 예로부터 '말죽거리' 라는 애칭으로 불리던 양재역, 양재원이 있었던 교통의 요지였다. 현재는 경부고속도로가 삼남을 이어주는 중추적 역할을 하고 있고, 양재인터체인지 주변에는 '만남의 광장' 이 조성되어 서울의 관문 구실을 하고 있으며 한국트럭터미날 · 농산물유통공사 · 화훼공판장 등이 밀집, 서울의 교통과 유통의 중심지가 되고 있다.[54)]

도시를 읽는다는 것은 실제적인 도시에서 구현되고, 나타난 현상의 관찰을 통해 그 안에 담겨진 도시의 내용과 의미를 읽어내는 일이다. 이는 도시에서 나타나는 현상을 바라보는 시선의 차이에 따라 그 내용 또한 확연히 달라질 것이다. 그 만큼 도시를 해석하고 읽는다는 것은 어찌보면, 지극히 개인적인 일이기에, 천편일률적인 도시읽기의 강요는 매우 위험한 일일 것이다. 다양한 시선에서 기인하는 다양한 도시담론의 형성은 도시의 바람직한 공간재편과 생산의 측면에서도 매우 유익한 일이 될것이다.

필자가 양재동을 바라보는 측면은 2가지의 시선이 포함된다. 하나는 매우 도시형상적인 측면이고, 하나는 도시 내부에 관한 측면이다. 요약하면, 매우 강한 인지성을 지니는 도시의 구성요소들이 점, 선, 면으로 형상화되어 나타나고 있다는 것과 또 하나는 그러한 형상들이 가지는 내면에는 일터와 마을의 개념이 동시에 투영되고 있다는 것이다.

54) 양재동 동사무소 홈페이지 http://www.seocho.go.kr

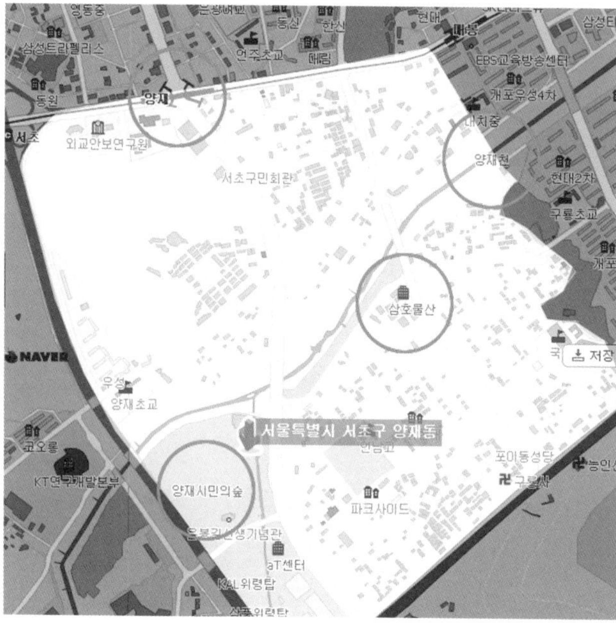

점, 선, 면으로 형상화되는 도시 : 양재동

1) 복합적인 양재동

양재동은 복합적이다. 오전은 오피스맨office worker의 도시이다. 북적대는 양재역의 인파를 보다 보면, 이곳이 한적한 서울의 교외지역이라는 것은 어불성설이라 느낀다. 오후에는 지역민의 도시이다. 언남고등학교 근처의 근린공원 인조잔디 구장에는 서초구청장배 축구대회가 열리고, 그것들을 오가는 사람들이 구경한다.

야간에는 퇴근하는 오피스맨과 지역주민이 공존한다. 그런데 그들이 차지하는 장소들은 조금 다르다. 즉, 퇴근하는 사람들이 한 잔 하는 곳과 동네 아줌마들이 어린애들을 안고 나와 뛰어 노는 곳이 구분되어 있다는 말이다. 그런데, 이곳의 건물들만을 놓고 보면 **그러한 구분은 전혀 느껴지지 않는다**. 바로 이 점이 양재동을 양재동답게 만든다고 필자는 말하고 싶다.

2) 교통거점으로서의 양재역

양재역과 그 주변 : 양재동의 첫 번째 도시점urban point

양재역이 이곳에 자리 잡은 것은 지하철 3호선이 개통된 1980년대의 일이다. 이곳 양재역은 양재동으로 들어오는 관문이고, 양재동의 어느 지역이든지 갈려면 반드시 이곳을 거쳐야 한다. 지하철로 본다면 그 많은 3호선 전철역 중의 한 곳에 불과하지만, 양재역의 위력은 지상으로 나와서야 알 수 있다. 사방으로 들어오는 차량들을 입체교차로로서 받아 주고, 분산시켜 주고, 소통시킨다. 이곳을 지나가는 차량은 크게 2가지이다. 이곳을 단지 통과하는 차량들과 주민들과 오피스맨들을 실어 나르는 지역버스들이다. 이곳은 이러한 위계상의 구분이 명확하게 되어져 있어 양재동의 단지 내 도로들을 보면 그리 넓지 않아도 충분히 지역주민에게 교통서비스를 하고 있다고 생각된다. 도로가 넓지 않다는 건 그 만큼 보행인에게 자유로운 도시라는 뜻이기도 하다. 물론, 단지 내 도로가 좁을 수 있었던 것은 그 만큼의 혼잡의 량을 양재역에서 받아 주고 있다는 의미이다.

3) 삼호물산과 그 하부구조

삼호물산 : 양재동의 마천루군, 두 번째 도시점urban point

기실 삼호물산은 이곳에서 가장 높은 빌딩이 아니다. 그러나 뱅뱅Bang-Bang사거리가 단지 뱅뱅건물이 높아서 그렇게 불려진 것이 아닌 만큼 이 건물이 이 지역에 가장 먼저 지어지지 않았을까 추정해 볼 뿐이다. 이른바 삼호물산이라고 불려지는 이곳은 한마디로 마천루군들이 집합해 있는 장소이다. 지금은 인근 타워팰리스Towerpalace의 위용에 가려 기가 죽어 있지만, 불과 몇년 전만 하더라도 삼호물산은 대표적인 지역의 랜드마크landmark였다. 물론, 그 위력은 아직도 여전하다. 필자는 미국 여행 중에 보았던 가장 미국적인 풍경이 쫙 펼쳐진 도시의 평원에 우뚝 솟아 있는 몇개의 마천루군이 만들어 내는 풍경이라고 생각했는데 바로 이곳이 그러한 표현에 딱 들어맞는 곳이다.

삼호물산은 많은 사람들의 일의 터전이다.

또한, 그러한 삼호물산이 가지는 장소로서의 대표성은 굳이 마천루에서 근무하지 않아도 그 주변 일반주거지역의 건물들 대부분을 사무실공간으로 만들어 놓았다. 또한, 이렇게 사무실공간의 주변엔 그들을 지원하는 하부구조가 있기 마련인데, 식당가와 상점, 그리고 주점들로 대표되는 일상프로그램들이 자생적으로 나타나게 된다. 길을 따라 늘어서 있는 일상의 프로그램들을 따라 지역의 오피스맨들이 이동하며, 지역주민 또한 생필품과 여가를 즐기기 위해 이곳으로 모여들게 된다.

4) 시민의 숲과 양재천으로 대표되는 휴식공간들

양재동에는 풍부한 녹지공간이 있다. 그것은 서울의 외곽에 위치하게 된 연유이며, 대부분의 신도시처럼 인위적인 장소의 형성에 가장 중요한 시민복지시설이기도 하다. 그런 점에서 양재동은 매우 훌륭한 조건들을 가지고 있으며, 그 조건들을 십분 활용하여 형성된 곳이 바로 이 두 공간들이다.

양재천[55]은 신도시 형성 이전부터 이곳을 흐르고 있는 지천이다. 당연히 주위보다 지대가 낮은 관계로 공기가 오염되지 않는 곳이된다. 시민의 숲이 면적인 녹지라면, 양재천을 따라 형성된 녹지의 띠는 선형적인 녹지이다.

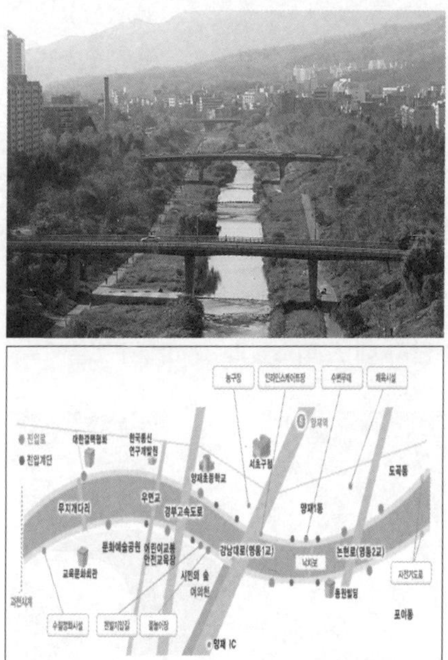

양재천 : 도시의 선urban line과 그에 때라 배열된 프로그램의 띠
출처 : http://yriver.seocho.go.kr

55) 양재천 : 도시의 선urban line과 그에 때라 배열된 프로그램의 띠
출처 : http://yriver.seocho.go.kr

시민의 숲[56]은 경부고속도로와 지역의 도시 네트워크network의 중간지역의 버퍼존buffer zone을 시민의 숲이라는 프로그래밍programming을 통해 자칫 버려질 수 있는 이곳의 장소성을 훌륭하게 생성시킨 예이다. 이곳만이 가지는 숲의 분위기는 독특하다. 자생적인 숲이 아니기 때문에 녹음의 바닥에는 풀이 없다. 그리고 나무줄기만으로 형성되는 하부와 잎이 무성한 녹음의 상부가 만들어 내는 아늑한 느낌은 이곳에서만 느낄 수 있는 분위기가 된다.

시민의 숲 : 양재동 도시의 면urban surface

5) 단지 내 풍경 1 : 단지 내 오피스들과 그 하부구조들

단지 내 오피스들

56) 양재동 시민의 숲은 1983년에 최초로 공원결정, 고시되어 오늘에 이른다. 연간이용객 163만명, 일일 4100명이 이용하며 조경, 운동, 교양, 편익시설이 배치되어있다. – 서울의 공원 http://parks.seoul.go.kr/

양재동은 일반주거지역이며, 강남의 대표적인 주거공간으로 기획된 곳이다. 그러나 필자가 보기엔 그러한 초창기의 의도와는 달리 수많은 중소규모의 사무실들이 펼쳐져 있는 곳이 이곳이다. 왜냐하면, 강남의 네이밍naming이 필요하지만, 자본의 사정은 넉넉치 않은 소규모의 사무실에게는 충분히 매력적인 곳이 이곳이기 때문이다. 직원수 10명 내외의 이들은 이곳에서 꿈을 펼치며, 미래를 설계한다. 그리고 이곳은 훌륭한 테스트베드test bed가 된다. 왜냐하면, 이곳은 강남에서 가장 임대료가 싼 곳이기 때문이다.

6) 단지 내 풍경 2 : 단지 내 주거의 형식들

단지 내 주거

주거지역으로서의 양재동은 다시 독특한 분위기를 가지고 있다. 아파트로 대표되는 고층의 주거가 이곳에는 없다. 왜냐하면, 교외지역이라는 특수성과 근처의 그린벨트green belt 등으로 대규모의 인구용량을 받을 수 있는 장소가 애초부터 아니었다는 것이다.[57] 그렇기에 이곳은 그만그만한 건물들이 말 그대로 '쫙' 펼쳐져 있는 곳이다. 또한, 서두에서 언급했듯이 잘 기획된 지역버스의 환승시스템으로 인해 2차로 이상 도로가 필요없기에 비교적 훌륭하게 지역적인 기반이 유지될 수 있게 된다.

57) 이른바 도시계획이라는 장소기획은 지극히 용량적인 사고로 모든 것을 결정하기 때문이다. – 필자 주

7) 단지 내 풍경 3 : 1과 2의 혼합양상들

이 둘이 서로 묶여 있다. 아니 혼합되어 나타난다. 그만그만한 건물에는 주거도 있고, 사무실도 있고, 2차선으로 이루어진 도로변에는 그러한 시설을 위한 식당가와 근린생활시설이라는 생활의 프로그램들이 배치되어 있다. 그렇기에 같은 장소와 같은 거리에서 오전에는 직장인들이 가방을 메고 이리저리 뛰어 다니다가도, 남편을 직장에 보낸 젊은 아내들이 삼삼오오 나와서 아침운동을 한다. 점심이면, 직장인들이 배를 채우려 분주하게 움직인다면, 다시 아줌마들과 애들은 근처 거리에서 줄넘기를 하고 산책을 한다. 저녁이 되면, 직장인들이 퇴근 후 한 잔을 위해 웅성거리고 있을 때, 이곳의 사람들은 공원을 경보하며 그들을 따라 다니면서 이리저리 움직이고 있는 개들이 낯선 이들에게 짖는 공간이 된다.

이러한 풍경. 혼합의 분위기가 바로 양재동의 전형이다. **이질적heterogeneous 이다.** 모던modern의 죠닝zonning이 이론적인 기능별 혼합을 애초부터 배제하여 만들어 내는 방법론이라면, 실제의 삶의 터전의 형성에서는 그렇지 않다는 것을 양재동이 말해 주고 있는 것이다. 그리고 그렇게 **일상의 장소들이 혼합될 때 우리의 일상은 더더욱 풍요로워질 수 있다**고 필자는 믿는다.

7. 역삼동 : 선적인 도시의 흐름과 가로지르기

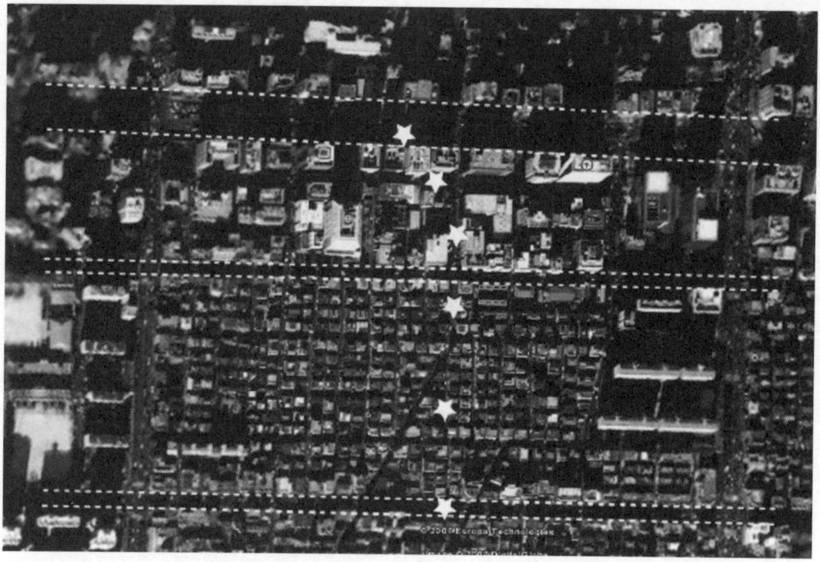

역삼동 일대 전경 : 도시의 선형성urban linearity

양재동의 시각을 다시 떠올려 본다. 그곳은 매우 이질적 풍경들이 혼합되어 일어나며, 그런 이질성을 다잡는 도시요소main element들이 존재하였다. 점적인 삼호물산과 그것에서 퍼져 나가는 하부구조들, 그리고 도시의 움직임을 만들어 내는 선적인 양재천, 움직임이 고이는 면적인 시민의 숲이 그것이었다. 이러한 3가지의 요소element들이 도시의 지형도상 가장 중요한 뼈대가 되어 그 지역의 풍경의 흐름을 다 잡았다.

압구정의 경우는 도시의 표피skin 즉, 소비도시의 전형을 보여 주는 피막의 안과 밖에서 일어나는 매우 극단의 대비를 보여 주고 있다. 껍데기의 밖과 껍데기 안의 대비, 그것은 매우 얇은thin 경험이었다. 그렇다면 역삼동은?

이곳은 **선형성linearity이 만들어 내는 풍경**이다. 그것은 프로그램program의 선형성, 스케일scale의 선형성, 그리고 그것의 켜layer를 가로지를 때 나타나는 격한 변화이다.

1) 선형 하나. 오피스의 띠

테헤란로와 메가빌딩 : 오피스의 띠

테헤란로는 오피스의 띠strip이다. 마천루들이 20~30층을 넘나들면서 '나무라인 투시도tree-line perspective' 를 생산하고 있다. 많은 벤처기업들이 IMF때 탄생하였고, 그것의 기반이 이곳이었다. 본래 오피스Office라는 공간은 매우 포멀한formal 공간이다. 다른사람을 업무적으로 만나고, 업무적으로 인간관계가 이루어지는 곳이기에, 그렇기에 공간적으로도 어떤 의도적인 연출이 되기 보다는 중성적인 성격이 요구되는 곳이다. 또한, 세계적인 탈근대화가 진행될수록 이러한 컴퓨터에 기초한computer based 오피스공간은 갈수록 진화할 것이다. 건축에 담기는 내용이 중성적이기 때문에 오피스빌딩 역시 형태적 의미의 표피skin와 볼륨volume에 치중하게 된다. 이곳의 포스코Posco센터와 동부센터 같은 건물은 그 일단을 말해 주고 있다. 이러한 공적이며 포멀한 공간 내부에서 수많은 사람들은 전화받고, 안을 고민하며, 계산하고, 회의하고, 그렇게 가치를 창출해 간다.

2) 선형 둘. 근린생활의 띠

하부구조로서의 근린생활시설의 띠

이러한 가치창출의 중성적 생산공간이 규모를 가지고 존재하려면, 그 주위에는 반드시 그 시설을 지원하는 어떤 구체적인 기능들이 산재하기 마련이다. 일단, 먹고, 마시고, 소비하는 공간들. 도쿄 신주쿠shinjuku를 보면 신기의 마천루들 바로 옆에 '가부키초' 라는 극한의 소비공간이 바로 옆에서 존재하고 있다. 이곳에서는 전형적인 도시계획의 선이 나타나며, 모든 건물들은 그것에 맞게 정렬되어 있다. 건물들은 그다지 크지 않으면서 매우 이질적인 것들이 모여 있다. 바로 그것은 인간의 기본욕구의 해결단위를 쪼갠 후 공간화시켜 파는 근린생활시설[58]이기 때문이다.

---

58) 도시계획적 의미에서 명칭되는 근린생활시설은 '인간이 주거생활을 하는데 필요불가결한 물품의 구매, 건강, 위생, 치료, 식사, 취미생활 등을 할수 있도록 필요한 주거지 내의 편익시설을 통칭하는 말' –근린생활시설의 성능개선을 위한 평가모델구축연구(영남대 석론, 장영희, 2003)나 본 고에서는 주거생활 뿐만 아니라 업무및 도시생산시설과 인접하여 상기와 같은 기본적 생활욕구를 충족시켜 주는 시설을 의미한다.– 필자 주

3) 선형 셋. 주거의 띠

하부구조로서의 주거의 띠

안으로 조금 더 들어 오면, 바로 주거지역의 띠로 들어온다. 지역에 주거가 있다는 것은 어찌 보면 그 지역의 최소한의 생명줄을 가지고 있다는 의미가 된다. 양재동에서 보았듯, 낮에는 직장인들의 도시가 된다면, 밤에는 지역민의 도시가 된다는 것이다. 좀 다른 방향으로 생각해 본다면, 서울 강남의 대표적인 원룸studio type 주거형성지를 보면 보다 빠르게 이동할 수 있고, 보다 값싸게 이용할 수 있는 유목적인nomadic 주거의 형식이 개발될 수도 있겠다 생각해 본다. 물론, 그 생각의 밑바탕은 강남의 비싼 땅값과 이곳을 이용하는 사람들의 임시적 주거성에 기인한다 할 수 있다. 이곳에서 먹고, 자고, 이곳으로 출근하고 이곳으로 퇴근하는 사람들을 우리는 과연 이곳의 정주민으로 말할 수 있을 것인가.

4) 도시와 자동차

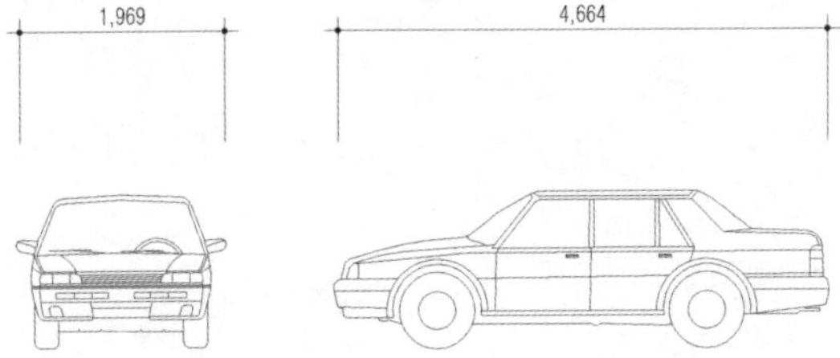

자동차 = 도시크기, 아니 도시공간경험의 대표적 결정인자

프로그램의 띠들을 넘나들면서 맞게 되는 공간의 변화는 매우 드라마틱dramatic하다. 각각의 기능, 즉 프로그램으로 죠닝zonning된 지역의 공간들은 그 나름대로의 스케일을 가지고 있다. 그리고 그 스케일의 출발점은 바로 자동차이다. 참 아이러니한 것이 **인간의 이동을 담아 내는 물체가 인간의 행동 하나 하나를 제어하고 있다**니 말이다. 자동차는 도시에 있어 모든 용량의 출발점이다. 건물은 무릇 도로와 접해야 생존할 수 있는데, 도로의 폭이 건물의 용량을 그대로 결정하는 것이다. 그렇게 각각의 대지는 접하는 도로와 상관하며, 그 안에 담길 내용물의 크기를 결정해 간다. 테헤란로의 크기가 메가빌딩과 상관한다면, 근생의 띠와 주거의 띠에는 각기 다른 도로의 크기가 있다. 도시인들은 이러한 각기 다른 크기의 도로 위를 이동하면서 도시를 느끼고 그 변화를 감지하는 것이다.

5) 절대치수 6m

그러한 도로의 크기에도 어떤 절대량이라는 것이 있다. 그건 바로 6m. 폭 6m는 왕복 2차선을 가능케 하는 치수이다. 감히 말하건데 6m가 만드는 풍경이 도시 주거지역의 풍경을 결정하고 있다. 이곳 역시 예외가 아니다. 폭 6m가 만들어 내는 도시, 9m의 도로사선. 그리고 향에 따라 좌우되는 일조권 관계가 바로 도시형태의 결정인자가 된다. 이렇게 **치수로 정량화화는 추상체계** 내에서 도시인들은 주거환경을 경험하고, 환경을 인지하며, 기억을 만들어 간다.

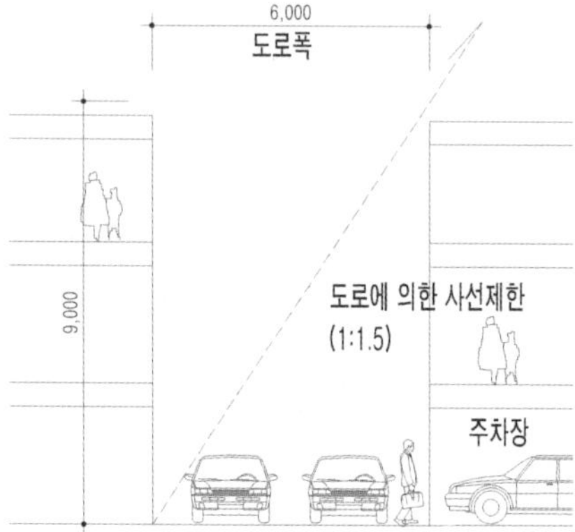

절대치수 6m : 자동차 2대 -> 도로의 폭 6m -> 건물높이 9m -> 축조되는 주거환경 -> 경험, 인식, 기억의 축적 -> 무의식의 침전, 실존의 도시

어렸을 때의 6m의 공간은 자동차의 양방향을 허용하는 크기 뿐만이 아니었을 것이다. 그건 아이들과 모여 딱지를 쳤던 공간의 기억으로, 성장해선 고등학교 때 방과 후 친구와 같이 걸었던 기억으로, 그리고 사회에 나와선 음주 후 무의식적으로 많이 지나쳤을 그러한 6m이다. 이렇게 기억은 축적된다. 그리고 그러한 **축적된 기억**들이 모여 **한 사람의 도시공간지도**를 형성시켜 주게 되며 그렇게 형성된 개개인의 도시지도들이 모여 지도상의 물리적 도시가 아닌 **실존의 도시**가 되는 것이다. 다시 생각해 보자. 자동차 하나가 이렇게 도시를 결정하고 있다는 것을 말이다.

하부구조로서의 주거의 띠 : 절대치수 6m를 느껴 보라.

8. 술과 도시. 서울

현대인들은 도시의 시간표에 맞추어 자신의 하루를 영위한다. 그들에게 음주는 하나의 이벤트event이다. 음주를 통해 그들은 만나고, 대화하고, 이야기하고, 해소하고, 배설한다. 그렇기 때문에 그들은 발품을 팔아 가면서 도시가 제공하는 음주의 장으로 기를 쓰고 이동한다.

1) 서론

대부분의 음주는 밤에 이루어진다. 주간에는 주로 생산의 시간, 즉 그들의 노동력을 판매해야 한다. 자연스럽게 조명의 환등상이 명멸하며 유혹한다. 넘치는 조명, 넘치는 불빛. 그는 이제 비틀거릴 준비가 되었다.

비틀거리는 도시의 야경

음주하는 시간은 애주가들에게는 가장 흥겨운 시간이다. 그 시간을 통해 그는 사람을 만나고, 자신의 즉발적 욕망을 알게 되며 맞부딛힌다. 그리고 그것을 실현하려 애쓴다. 그러므로 음주는 곧 소비이다. 소비행위로서의 음주를 실현시키기 위해 도시는 많은 장소를 제공한다.

2) 음주문화의 '이야기성'

한국사회의 음주를 이야기하는 몇가지의 요소들이 있다. 그 중에서도 필자는 단연, **음주문화의 '이야기성'**이라고 언급하고 싶다. 한국인들은 나름대로의 음주코스course를 만들어 가고, 그것에 따라서 움직이는 민족이라는 것이다. '1차는 어디를 갔고, 2차는 어디를 가고, 마지막으로 3차는 어느 곳에 갔더니 소주는 몇병을 먹고, 누가 얼마를 냈고, 그래서 00했다.' 로 요약해 내는 하나의 짧은 다큐멘터리documentary.

우리의 음주문화 : 어젯밤에 몇차까지 갔니?

왜 이야기를 만드는가. 그건 우리의 음주문화는 어느 나라의 그것보다 더더욱 음주에 대해 관대한 시선을 가지고 있고, 음주사실을 하나의 이벤트꺼리로 만들려는 경향이 강하기 때문인 듯하다. 이러한 이야기성으로의 음주문화는 차수次數로 대표되는 하나의 행동현상을 낳았고, 그것에 맞게 도시는 차수별로 다른 공간을 제공하기에 이른다.

3) '차수행동'과 수용공간 양상

우리의 음주의 과정을 차수별로 전개해 보면 다음과 같다.

1차 : 만남, 음식과의 연계

2차 : 유흥, 행동과의 연계

(性의 개입)

3차 : 친밀, 분위기와의 연계

1차공간의 키워드Keyword는 만남이다. 만남의 장소로서 1차의 음주공간은 그 역할을 수행한다. 그렇기에 대부분 공공적인 성격이 강한 측면이 많다. 넓은 공간, 시끄러운 말소리, 대화, 잔 부딛히는 소리, 웃음소리. 바쁜 종업원들의 움직임. 또한, 이 1차공간은 대부분 음식과 연계되어 있다. 저녁식사를 하면서 이루어지는 경우가 대부분이며 그 업태 또한 다양하다.

대표적 1차공간 삽겹살집 : 키워드 – '만남', 음식과의 연계

한국인에게 가장 친숙한 삼겹살집을 위시하여 곱창집, 부대찌개집, 한정식집 등등의 일반음식점부터 불닭집, 호프집 등등의 각종 프랜차이즈franchise공간들이 우리의 입맛을 유혹하고 있다. 물론, 1차공간은 보행환경이 미치는 영향이 매상에 가장 중요하므로 대부분 지상 1층에 비싼 임대료를 지불하면서 존재하게 된다.

2차 소비공간은 1차를 마친 이후에 일어나는 행동을 수용하는 공간으로 그 공간의 키워드는 엔터테인먼트entertainment, 즉 유흥이라고 할 수있다. 물론, 1차를 통해 음주를 한 소비자들은 그것으로 음주행동을 마칠 수도 있다. 그러나 대부분의 소비자들은 그들의 유흥욕구를 충족시키기 위해서 2차 소비공간으로 향한다. 대부분 술이 취한 후 하는 행동들, 노래방, 무도업소 등.

대표적인 2차공간 무도업소 : 키워드 - '유흥', 행동과의 연계

이 공간들을 통해서 소비자들은 더더욱 여흥을 제공받고, 그들의 유흥욕구를 해소한다. 이는 또한, 적당한 놀이문화가 없는 한국사회의 현주소이기도 하다. 자연히 이들의 공간은 강한 자극적 공간이 되기 쉬우며, 또한 외부 도시와는 철저히 단절된 채 나타나는 지극히 내향적 공간을 띠기도 한다. 대부분 1차 소비공간과 근접하면서 나타나고, 또한 임대료가 싼 지하나 지상 2층 이상의 층에서 존재한다. 그 이유는 2차공간은 1차에 비해 나름대로 목적성을 요구하기 때문이다.

3차 소비공간의 키워드는 친밀이다. 이는 유흥욕구를 어느 정도 해소한 이후 사람들이 개인적인 친밀함을 구하는 쪽으로 나타난다. 그렇기에 대부분 1, 2차의 공간과는 다르게 정적이며, 상대적으로 안정된 분위기를 제공하게 된다. 그 양상으로는 조그마한 카페나 선술집, 그리고 포장마차 등으로 도시에 존재한다.

대표적인 3차공간 포장마차 : 키워드 – '친밀', 분위기와의 연계

그런데 2차 소비공간에서 3차로 넘어갈 때 도시는 다시 다른 쪽의 욕망을 자극한다. 바로 성性이다. 음주 후의 유흥의 분위기에서 도시는 우리의 주머니를 절대 놓치지 않는다. 바로 그물을 쳐 놓고 물고기를 기다리는 양, 곳곳에 왜곡된 성의 상품화를 만나게 된다. 술에 의해 한 번 고양된 성적 욕망은 이러한 자극적 성의 상품화에 의해 촉발되고 강화된다. 대부분의 음주 후 나타나는 퇴폐업소들의 유혹들은 친밀을 성적으로 조작하는 양상으로 3차공간의 많은 부분을 차지하고 있다.

룸살롱, 성의 개입 : '친밀'을 성적으로 조장

4) 음주행동과 도시

– 차수행동의 연계

음주의 수용공간으로 도시를 보면 차수행동들의 연계의 양상이 읽혀진다. 도시에는 차수행동을 연계시켜 자본의 이익추구를 극대화하는 전략이 곳곳에서 나타난다고 볼 수 있다. 대부분의 도시에서 이른바 유흥가라고 하는 곳은 음주 차수상 2차의 소비공간이 밀집되어 나타난 곳이라 볼 수 있고, 자연스럽게 유흥가에는 2차 뿐만이 아니라 1차와 3차의 공간 또한 연계되어 나타난다. 그 예로 대학로와 강남역 주변의 나이트문화가 대표적이다.

또한, 대표적 도시공간 내의 음주공간으로는 대학가 주변을 들 수있다. 대학가라는 곳은 자연스럽게 지역의 랜드마크로서 기능해 왔고, 그 영향력 또한 강력하다. 대학가 근처는 대부분 젊은이들의 저렴한 1차 소비공간을 위주로 구성되어 있으나 일부 몇몇의 신흥 유명대학들을 중심으로 2차 및 3차까지의 강한 연계를 이루어져 나타나고 있는 경우가 많다. 신촌과 홍대입구 주변을 들 수 있다.

1, 2, 3차 소비공간들이 근거리에서 연계되는 대학가 : 신촌과 대학로

또한, 일부 특정지역에서만 나타나는 3차 소비공간의 밀집유형이 있는 곳도 존재한다. 바로 안마시술소가 밀집한 00동지역, 00동 지역의 모텔거리 등등은 1차와 2차의 음주공간과는 공간적으로도 떨어져 있으면서 그 지역만의 인지성을 가지고 있다.

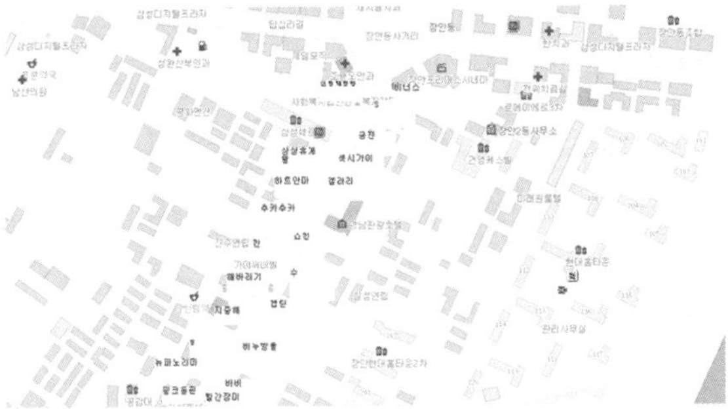

3차공간의 밀집유형 : 길을 따라서 늘어선 안마시술소–장안동59)

– 기억

음주행동으로 인해 도시는 다른 시각을 제공받을 수 있다. 취중에의 행동들과 그것이 이루어지는 장소에 대한 기억은 대부분 명료하지 못하며, 취함의 강도가 셀수록 더더욱 불확실함이 증폭된다. 심지어는 '필름'이 끊어지기도 한다. 이렇게 간신히 연결되는 기억에 대한 단속성, 물론 그 기억 중에는 공간기억도 포함된다. 그렇기에 음주 중의 도시는 그야말로 꼴라쥬collage적이다.

음주 중의 도시 : 강렬한 도시인식의 기회60)

---

59) 이미지 출처 : 네이버 이미지 검색 '장안동'
60) 이미지 출처 : 영화 '타락천사'(1995)

그러나 이러한 단속적 기억들은 때로는 굉장히 강렬하게 도시를 인식하는 시점이 되기도 한다. 취중에는 어느 행동에 대한 몰입의 강도가 평상시 보다 강하기 때문에 장소에 대한 기억은 거의 망각된다. 그러나 어느 한 순간이라도 그가 위치한 장소에 대해 몰입하는 기회를 제공받는다면 그는 그의 개인적인 강한 **장소의 생성을 경험하는 것**이다.

5) 결론

독특한 '이야기성'을 가지는 우리의 음주문화는 그에 따른 건축적인 대응으로서 차수에 따른 공간적인 대응으로 구분되어 나타났고, 이를 도시적 측면에서 보면 차수공간의 연계의 방식으로 그러한 욕구를 수용하고 있다.

현대도시를 소비하는 도시인들에게는 음주행동이 꼭 부정적 의미로만 해석되어서도 안 되며, 또한 철저한 자본의 논리가 작동하는 공간이라는 이유로 건축가의 담론에서 멀어져서도 안 된다. 음주는 엄연한 도시민의 일상행동이며, 이러한 음주행동을 담는 장치로서의 도시 또한 일상을 구성하는 하나의 생성되는 장소로서의 가능성을 충분히 가지고 있기 때문이다.

9. 압축된 도시 : 홍콩

홍콩에서 눈에 보이는 모든 것은 압축되어 있다. 주거단지, 오피스, 판매시설, 그리고 그 사이의 인동간격, 사람들의 거리, 차도.(일례로 필자가 걸었던 홍콩반도의 주 도로Nathan road의 폭은 왕복 6차선이며, 그 비좁은 차선으로 택시와 이층버스의 끝없는 행렬을 보여 준다.) 본디 자본이 공간을 점유하면서 나타날 때 최소한의 면적으로 최대한의 지대를 획득하는 것을 목표로 한다면, 홍콩은 분명하게 그 자본-압축의 양상을 보여 준다고 해도 좋을 듯 하다.

홍콩지도

지리적으로 홍콩을 개괄하면, 정확하게 2개의 지역으로 대비된다. 홍콩바다를 기점으로 북쪽으로 구룡반도Koolon Peninsula, 남쪽으로 홍콩아일랜드HongKong Island가 그것이다. 이 지리를 시간적으로 표현하면, 축적된 시간을 느끼게 하는 구룡반도와 모든 것이 새로운 홍콩아일랜드[61]라 할 수있다. 이렇게 대위되는 지리-시간의 차이는 자본에 의한 다른 공간양상으로 이전, 표현되고 있음을 보여준다.

1) 모던modern의 두 양상 : 폐허와 신기루

모던이라는 말 뜻 그대로의 의미는 '새로움'이다. 자본은 끝없는 새로움을 추구한다. 막 생산된 신선한 상품은 적당한 브랜드가 붙여져 김이 모락모락 내며 소비자들을 유혹한다. 도시도 그러한 상품화되는 모던의 기운을 그대로 보여 주는 장소이다.

도시경관을 논함에 있어 신기루mirage라는 말은 그런 의미에서 매우 유효적

구룡반도에서 본 홍콩아일랜드 : 모던이 만들어 낸 도시 - 신기루urban mirage

---

61) 물론, 20년도 넘게 된 건물들이지만, 아직도 새로움의 위력은 유효하다. 이렇게 모던은 계속된 새로움을 양산한다. - 필자 주

절한 어휘이다. 사막을 걸을 때 보여지는 만보객에게의 신기루가 오아시스를 상징하듯이, 도시의 신기루는 자본에 점유되어 작동, 전시되는 물리적 구조물에 다름 아니다. 항상 새로움이 있음을 전시하는 장소에는 자본이 있다. 그건 불문율이다. 다음 그림은 구룡반도에서 보여지는 홍콩아일랜드의 전경이다. 하나하나의 건물들이 각각의 할당된 대지 안에서 최대한의 자본-건축적 표현을 구현한다. 이것은 모던이 만들어 낸 도시-신기루urban mirage이다.

그러나 이 새로움은 항상 새롭지가 않다는 데 문제가 있다. 새로움은 언제나 폐허의 이미지와 연결된다. 왜냐하면 김이 빠지고, 그 물건이 실체가 드러날 때가 되면, 먼지가 앉게 되고, 그 새로움과 생경함을 뛰어 넘는 또 다시 새로운 무엇이 나타난다. 그래서 위대한 석학, 발터 벤야민은 끝없는 영겁회귀의 모던을 언급하는 것이다. 항상 새로움을 추구하지만, 항상 똑같은 새로움들의 생산을, 모던에 의해 양산되는 새로움은 시간이 지나면 곧 폐허로 바뀐다.

구룡반도의 오피스건물 : 모던이 만들어 내는 폐허 이미지

이러한 의미에서 홍콩의 구룡반도는 그러한 새로움에 대한, 모던에 대한 양상으로서의 폐허와 신기루를 동시에 극명하게 보여 준다. 그것은 마치 시간이 정지해 있는 양 자본에 의한 모던추구의 진화과정 그 자체를 보여 주는 자본-도시 진화의 박물관이다. 마치 길가에 있는 은행나무 하나가 선사시대와 현대를 연결해 주듯이, 홍콩의 두 양상의 동시대성은 앞으로도 아니 과거에서도 현재에서도 똑같이 보여질 것이다.

2) 점유되는 조망 : 공적, 사적

도시는 조망을 점유하고, 생산하는 주체이자 객체이다. 조망은 무언가를 바라봄이다. 그리고 그것은 보여지는 대상에 대한 시각적인 위치를 선점함을 기본조건으로 한다. 다음 그림을 보면 조망을 소비하는 방식에 대한 차이를 읽을 수 있다.

홍콩 아일랜드의 IFC : 오브제-도시object-urban

홍콩아일랜드의 IFC는 보여지는 조망에 의해 점유된 도시경관이다. 이렇게 보여지는 조망은 대부분 공적인 점유 및 통제에 의해 도시의 경관이 만들어지는 양상이며, 지극한 **오브제-도시**object-urban를 추구하게 된다. 이른바 보여지는 도시의 생산.

구룡반도면의 아파트 : 성채-도시fortress-urban

상기 그림은 보는 조망에 의해 점유된 도시경관이다. 이것은 대부분 사적인 공간점유를 통한 조망의 확보 측면으로 나타난다. 이것은 마치 성채의 이미지를 연상시키는 **성채도시**fortress-urban가 되는데, 내향적인 공간을 기본으로 밖으로서의 도시를 조망하는 의미를 담고 있다. 물론, 이 경관은 다시 보여지는 객체의 측면으로 변할 때 도시는 공적인 제제를 받게 된다.

이렇듯 도시는 조망의 생산과 소비가 이루어지는 장소이다. 여기서 중요한 것은 도시는 주체임과 동시에 객체가 된다는 것이다. 그렇기에 이쯤에서 건축과 도시는 절묘한 줄타기tightrope를 요구한다. 그 말은 어느 하나의 이분법적인 추구가 아닌, 사성私性과 공성公性의 발란스balance가 무엇보다 중요한 것이다. 본래 어휘적 측면에서 보더라도 주체에 있어 object와 subject는 동전의 양면이다.

3) 들어 올려진 이중구조

홍콩의 고밀도는 매우 특유한 도시경관 하나를 가지고 있는데, 바로 '올려진 보행도로pedestrian elevated road' 이다. 이른바 육교를 연상하면 물리적 구조물은 크게 다르지 않으나, 대부분의 육교가 도로를 종으로 횡단하며 가로지르지만, 이곳은 차도와 함께 같이 성장하고, 따라 간다. 메가스트럭쳐mega structure들이 그다지 넓지 않은 간격으로 밀집되어 있다 보니 자연스럽게 지상의 도로레벨은 차량으로 점유되기에 애초부터 보행의 흐름을 한레벨 상승시켜 공중에서 구성시켰던 것이다.

그런데 중요한 것은 이렇게 올려진 보행도로가 건물 사이사이를 연결시켜 일종의 어번 네트워크urban network을 형성하고 있다는 것이다. 올려진 거리를 따라가다 보면 광장이 나오기도 하고, 흐름을 담을 수 있는 휴게장소들이 나오기도 하는 등, 지상의 차량의 공간과 대위하는 또 하나의 장소를 도시민은 소비하고 있는 것이다. 이렇게 홍콩인들은 이렇게 들어 올려진 제2의 도로에서 아니 장소에서 그들의 실존을 만들어 내고 있다.

홍콩 아일랜드 센트럴지역 : elevated road와 다시 생성되는 장소들[62)]

구룡반도의 화원가 : 보행의 흐름이 구조화된 elevated road와 그 하부

4) 2개의 걸작masterpiece : HSBC와 The bank of CHINA

홍콩아일랜드는 아시아에 있어서 모던의 신기루를 제대로 보여 주는 곳이다. 수많은 걸출한 건물들이 서로의 건축적 표현과 이미지의 힘을 가지고 자웅을 겨루는 각축의 장이다.

- HSBC : 표현되는 건축과 담겨지는 도시Will-expressing & urban-containing

야경 - HSBC : 표현되는 건축Will-expressing

이 빌딩은 로저스 경이 1980년대에 선보인 이른바 하이테크의 걸작이다. 외관에서 보듯이 굵직한 돌출구조물들은 건물 전체를 지탱함과 동시에, 내부의 프리플랜free plan을 가능케 한다. 특히, 이 건물의 야경을 보면, 형형색색의 야간조명이 그러한 건축적 구축의 아이디어를 표현해 주고 있다. 그러한 인상적인 공간표현space-presentation 이외에 필자는 이 건물이 보여 주는 건물의 공공성과 그것의 공간처리에 주목한다. 사진을 보면,

62) 필자가 이곳을 방문 했을 때는 일요일 오후였는데, 그 때 이곳을 점유하고 있는 사람들은 모두 외국인 여성임에 놀란 적이 있다. 궁금하여 문의하니, 이곳 동남아지역의 외국인 여성노동자들이 서로 모여 더위도 식히고, 정보를 교환하기도 하는 등의 일종의 비공식적인 만남의 장소로 기능하고 있었다. 이는 한국의 상황과도 비슷한데, 많은 동남아 노동자들이 지하철 4호선 대학로 역근처에서 주말이면 모이는데, 이는 대부분의 공단지역이 4호선 서측의 안산-반월공단이기에 그곳에서 가장 결집이 손쉬운 장소인 대학로를 선택하기 때문이다.

지상층 레벨의 포이어foyer : 담겨지는 도시urban-containing

지상 보행인들의 흐름을 담아 내는 포이어 공간이다. 필자가 방문한 시간이 일요일 오후 시간인지라, 직장인의 흐름은 거의 없다고 본다면, 이곳의 장소는 바로 더운 홍콩의 날씨를 위한 피서의 장소였다. 공공을 위해 완전히 열려져 있는 포이어. 그 위에 글라스처리된 거대한 유리의 막은 완전히 열려진 지층의 도시를 전시한다. 물론, 주말의 시간이 지나고 사적인 점유로 돌아오는 시간이 되면 이곳의 유리셔터는 바닥으로 내려와 공적 점유를 마감하고, 아시아에서 가장 좋은 직장일 이곳에서 넥타이를 맨 비즈맨bizman들이 차지하는 공간이 될 것이다.

– The Bank of China : 수정체로서의 건축crystal-architecture

필자가 대학시절, ○○관 1층 강당에서 영사기를 켜 놓고 슬라이드로 처음 만났던 작가가 바로 건축거장 아이 엠 페이I. M. Pei이다. 이 때 받은 느낌이 건축이라는 것이 참으로 물리적인 측면에서 공간을 조정하고, 창조하는 과정이며, 동시에 건축가의 의지의 표현임을 알게 하였는데, 그의 이 건물은 그 의미에서 매우 특별했다. 이른바 '미스터 페이Mr. Pei'의 건축의지를 가지고 그 때 강사가 얼마나 역설하였는지 아직도 생생하다.

대략, 15년의 시간이 지나 이 건물을 다시 보았을 때, 필자의 눈은 건축의 프로그램이 어떻게 하드웨어적인 구축물solidity로 나타나는가에 관심이 갔었고, 그것을 기술하고자 한다. 필자에게 이 건물을 감상하는 것은 도시도 아니고, 그 밑의 자본도 아니며, 그야말로 건축 자체의 결정체, 즉 수정체로서의 건축만으로 다가오기 때문이리라.

수정체로서의 건축crystal-architecture : The Bank of China

수많은 다양한 건축물 중에서도 오피스건축은 건축 그리드grid의 표현, 즉 프로포션proportion의 산물이다. 아니 그러한 프로포션과 그리드에 대한 고민이 없으면, 단지 코어core덩어리와 집적된 플로어floor, 그리고 실 구획단위와 외피의 고려만 끝나면 할 것이 없는 것이 또 이 건축물이기도 하다. 그러나 이 건물은 삼각형이라는 매우 풀기 힘든 원형상prototype을 가지고 멋진 수정체를 표현하고 있다.

저층부의 디테일 1

저층부의 디테일을 보면, 건물 전체가 가지는 수정체의 이미지가 아닌 매우 클래식classic한 표현을 하고 있음을 볼 수 있다. 기단부의 처리와 간벽과 유리의 표현, 그리고 그 위의 기계실 같은 루버louver를 보라.

저층부 디테일 2 : 주 출입구와 엘리베이터 홀

내부로 들어 가면, 중국계 미국인인 페이Pei의 의지를 읽을 수 있다. 매우 클래식한 건물의 표현들. 그는 도시에 대해서는 차가운 기하학의 수정체를 보여 주었다면, 내부의 사람들에게는 편안하며 매우 익숙한 프로포션을 가지는 중국의 모티브motive를 인용했는지도 모른다.

5) 끝없는 쇼핑의 도시shopping city, 홍콩

대부분의 사람들이 홍콩을 이야기할 때면 쇼핑을 언급한다. 쇼핑하고, 디즈니랜드 갔다 오고, 크루즈cruise 한 번 타면 홍콩의 관광은 끝난다고 이야기하는 사람들이 대부분이다. 그 만큼 홍콩의 쇼핑거리는 매우 번잡스럽고 압축되어 있지만, 또한 매우 깊다.

홍콩의 모든 쇼핑공간을 언급한다는 것은 애초부터 불가능하다. 그래서 필자는 현대의 소비공간을 보여 주는 IFC mall과 전통적 소비공간 '여인가女人街'로 대비시키면, 홍콩이 가지고 있는 현대와 전통적인 소비공간의 일면을 읽을 수 있을 것이다.

- IFC-mall

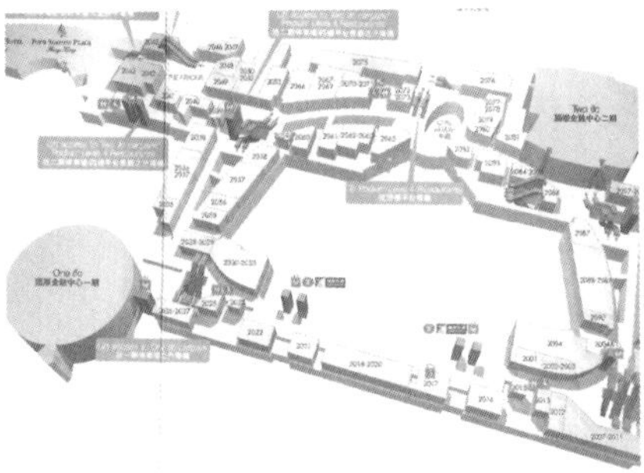

IFC건물(International Finance Center)은 그 건물만으로 세계에서 5번째로 높은 건물이라 한다. 단연코 높이의 위력은 전체의 도시를 시각적으로 평정하고도 남을 만큼 위력이 있다. 앞서의 그림을 보면 우뚝 선 수직의 신기루는 그것을 말해 준다.

팜플렛을 보면, 이곳이 그냥 건물 하나가 아니라 여러 개의 건물군(2개의 오피스건물과 하나의 호텔)을 배치하고, 그것을 상업-공중 보행통로로 엮어내 환상동선을 구축한 것을 볼 수 있다. 이곳은 공항터미널과 홍콩의 센트럴central역과 같이 연결되는 교통의 요지이기도 하다. 이렇게 환상동선으로 짜여진 매우 전형적인 미국식 몰의 개념이 보여지는데 단지 미국식 몰과의 차이점은 가운데 중정의 부분이 지면을 점유하지 못하기에(도시의 밀도 때문) 그곳을 공중의 통행과 교통흐름으로 대부분 할애하고 있다는 점이다. 물론, 이것을 보완하기 위해서 공중보행통로는 설치되었고, 이것은 도시의 만보객을 흡수하는데 필수적이 되었다. 또한, 이렇게 형성된 인위적 도시공간은 도시민에게 실존의 의미까지 획득한다. 즉, 이러한 서구식 몰의 다이어그램diagram과 요구되는 차량과 인파의 고밀도, 한정된 지역들이 맞물려 공중 보행통로라는 홍콩식 산책로promenade를 탄생시킨 것이다.

미국식 몰 : 상업 - 환상동선

교통에 점유된 중정공간

공중 보행통로 : 홍콩식 산책로promenade

– 여인가女人街와 그 일대

홍콩의 구룡반도 북쪽의 블록들에는 매우 흥미로운 이름들을 가지는 거리들이 존재한다. 금붕어의 거리, 야시장, 제이드jade 거리, 운동화의 거리 등등, 범상치 않은 이름들이 만보객들의 발길을 유혹한다. 그리고 그 만큼 인파로 들썩인다. 날씨가 좋지 않은 평일 오후에도 이렇게 군중들은 이 거리로 쏟아진다.

여인가의 전경과 하나의 간판을 위해 매달린 트러스

이곳은 대략 한국의 남대문시장을 연상시킨다. 남대문시장에서 느끼는 장터의 활력이 그대로 느껴진다. 단지, 남대문이 다소 불규칙한 도로의 선형을 따라 자생적인 배치를 보여 준다면, 이곳 여인가는 똑바로 뻗어 있는 남북축을 따라 곧게 형성되어 있고, 그것에 대한 하부구조 또한 이 주축에 맞추어져 또 다른 하나의 켜layer로서 기능한다는 것이 좀 다르다고 할 수 있겠다.

왼쪽) 매대한 유닛의 크기(여인가)–대략 2×4×3정도의 크기 내에 모든 상품의 진열을 끝낸다.
오른쪽) 여인가의 하부구조–주도로와 평행하게 형성되어 매대의 부속기능을 수행한다.
주 도로가 만보객의 거리라면, 이 도로는 상인의 거리이다.

얼마 전, 필자는 세운상가로 건축답사를 다녀온 적이 있다. 그곳에서도 겉으로 드러난 세운상가의 모습 뒤엔 강제적 근대화시기의 일제시대를 넘어 현재까지 퇴적된 시간을 담고 있는 하부구조들을 볼 수 있었다. 이곳 홍콩에서도 드러난 상부와 그 이면에서 작동하고 있는 하부구조들의 이분법은 여전히 존재한다. 보여지는 도시의 환등상과 그것을 생산하는 실존의 도시의 대위법은 세계 어디를 가나 공통적이다.

화원가花園街와 화원가의 이면 : 상부구조의 도시와 하부구조로서의 도시

10. 진열된 도시 : 시드니

왓슨베이watson bay에서 본 시드니 전경

시드니는 호주의 제일 큰 도시이면서 또한 3대 미항이라 할 만큼의 아름다운 풍광과 도시경관을 가지고 있다. 태평양 바다에 직면해 있으면서도 매우 깊게 파고 들어가 있는 항구로 인해 바다풍랑은 매우 고르며, 안정적이다. 그림에서 보면 화면 오른쪽이 태평양이며, 화면의 중앙에서 왼쪽으로 처음 보이는 다리가 유명한 하버브릿지harbor bridge이다. 이렇게 시드니는 태평양과 직면해 있지 않고, 깊숙이 들어와 있기에 풍랑과 같은 자연재해에 한결 여유로울 수 있었다. 이는 또한, 자연조건을 이용한 도시만들기의 한 예라 할 만하다.

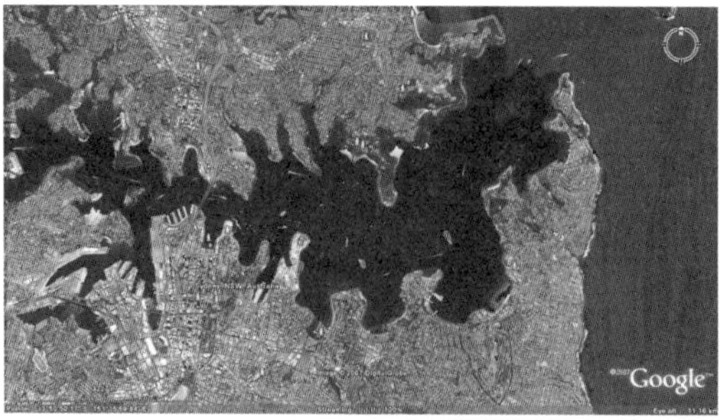

시드니 : 깊숙하게 들어 오는 바다와 동쪽의 태평양

필자에게 시드니는 **도시경관의 상품화**에 대해 생각해 보게 하는 그런 도시였다. 시드니가 지금까지 만들어 놓았고, 만들고 있는 도시경관의 하나 하나는 단지 자본의 힘과 인간의 기획에 의해서만 만들어진 그렇게 급속하게 급조make up된 도시가 결코 아니었다. 시드니의 도시경관은 이미 자연의 물리적 조건과 시드니인의 의지, 퇴적된 시간의 축적과 그것의 기억, 그리고 마지막으로 자본의 기획에 의한 상품화가 만들어 낸 하나의 종합 예술상품인 것이다. 이 말은 자본의 상품화 이전에 이미 하부구조로서의 도시가 자연과 인공이라는 양 축이 훌륭하게 형성되어져 있었고, 그것을 향유하는 시간이 퇴적되어 있는 환경에, 그것을 드러내 주는, **표현해 주는** representing **자본의 기획**이 있었다는 이야기이다. 기막힌 뷰view를 보여 주었던 '왓슨베이watson bay' 는 동시대인의 기억을 넘어 초창기의 시드니가 탄생했을 때부터의 시간을 머금고 있는 것이다. 물론, 이 왓슨베이는 아직도 가장 훌륭한 경관상품이 되어 소비되고 있다.

1) 중심지역 : 써큘러키 Circular quay

써큘러키는 항구도시 시드니의 가장 중심이 되는 도시지역이며, 이곳을 통해 많은 물품과 사람의 이동이 이루어지는 교통의 요지이다. 좀더 들어 가서 만나게 되는 소비의 항구 달링하버 Dariling harbor가 시드니의 내항이라면, 이곳은 태평양에서 들어 오는 배가 처음으로 만나게 되는 시드니의 가장 큰 외항이기도 하다.

교통의 요지 : 써큘러키

이곳은 2개의 큰 랜드마크landmark를 가지고 있다. 상기 그림의 2번의 오페라하우스Opera house와 3번의 하버브릿지harbor bridge가 그것이다. 특히, 오페라하우스는 그야말로 시드니의 상징, 아니 호주의 상징물이다. 하버브릿지는 최단시간의 동선을 제공함과 동시에 바다를 완전히 가로지르는 수평선의 훌륭한 랜드마크이다. 물론, 호주인들은 이 초기 모던의 구조물을 그냥 두지는 않았다. 여행 프로그램을 보면 아치 상부를 여행할 수 있는 티켓을 따로 팔고 있다.

써큘러키의 두 랜드마크 : 오페라하우스와 하버브릿지

그림에서 교통요지로서의 1번과 랜드마크 2, 3을 지나면, 4번으로 명명한 지역을 볼 수 있다. 이곳은 바로 경관이 사적으로 점유되는 막 지어진 고급 연립 주택 단지들이 예술인 공방과 함께 입지한다. 본래 이곳은 그림 내에서 6번으로 언급한 'Rocks' 라고 하는 문화-예술의 거리지역과 인접하고 있어 그러한 지역적인 예술의 이미지는 고급 자본을 유치하는데 있어 매우 유효적절할 것이다.

문화-예술의 거리 Rocks와 고급 카페들

5번지역은 항구의 뒷면으로 이루는 지역으로 대규모의 군사적 점유가 이루어지는 장소이다. 이곳의 명칭 Rocks가 말해 주듯, 이곳은 매우 암반이 강하게 형성되어 있던 장소로 여겨지는데 건물의 암반을 깎아 절개를 한 후 건물을 앉혔던 흔적들이 보인다.

이렇게 시드니의 중심 써큘러키 지역은 매우 다양한 도시의 요소들이 한데 어우러져 있는 중심지역이다. 2개의 랜드마크, 점적인 오페라하우스와 선적인 하버브릿지, 그리고 린치의 도시이미지상 '지역region' 으로 인식되는 'Rocks' 지역과 그것에 인접해서 형성된 고급 자본의 사적 주택단지, 그리고 이러한 장소 후면에 존재하는 군사적 점유까지. 이곳은 해변풍광의 자연입지와 적극적 도시소비를 꾀하는 인공력이 만나 도시행위들이 시간을 두고 퇴적된 장소인 것이다.

2) 경관소비의 장치 : 모노레일mono rail과 크루즈crouise

서큘러키 지역이 외항으로서의 시드니를 인식시키는 장소였다면, 달링하버로 대표되는 소비적 도시풍광은 또 다른 시드니를 느끼게 해 준다. 지리적 여건상 내항에 위치하다 보니, 해변지역이지만 시드니의 중심상업지역과 매우 가까이 연결되어져 개발되었음을 볼 수 있다. 프로그램적인 측면을 보더라도 본연의 항구, 크루즈와 선박의 출항지의 역할 뿐만 아니라 각종 박물관들, 자연사 박물관, 아쿠아리움Aquarium, 해군박물관 등의 교육시설과 호텔, 상업시설 그리고 시민 휴식공간 등이 어우러져 시드니의 대표적 엔터테인먼트의 장이 되고 있다.

매혹적인 달링하버Dariling harbor

그러나 이곳은 시드니의 다른 곳에서는 없는 또 하나의 물리적 장치가 있다. 그것은 바로 **모노레일**이다. 모노레일은 일종의 환상이 담긴 운송장치이다. 그건 아마도 대부분의 모노레일을 구경한 곳이 바로 놀이공원, 이른바 어뮤즈먼트파크amusement park이거나 아니면 단기간의 강한 어트랙션attraction이 필요했을 박람회장 등이었기 때문일 것이다. 항상 새롭거나 신기한 사건이 일어나고, 그것이 전시, 판매되어져야 하는 곳에 모노레일의 적당히 빠르고, 적당히 올라간 시선은 그러한 풍광소비를 충족시킬 매우 적합한 수단이기 때문이다.

필자는 도쿄의 유리카모메라인Yuricamome line을 보고 경관적 씨뮬라크르simulacre를 일으키는 하나의 장치라 언급한 적이 있다. 물론, 그것은 시드니의 것과 비하면, 속도가 매우 빠르며 중전철heavy vehicle이다. 경로routine의 측면을 보면, 그것은 시드니의 도심과는 달리, 도쿄의 해안지역을 돌아 비교적 변두리 지역을 새로운 도시 거점으로 활용하는 방향이다.

시드니의 모노레일은 일본의 그것과는 다른 점이 많다. 먼저 속도가 빠르지 않다. 그것은 오히려, 박람회장이나 놀이공원에 익숙해 있는 그 속도에 근접한다. 그렇기에 좀더 천천히 도시의 전경을 관찰할 수 있다. 또한, 중요한 것은 도심지역을 지나간다는 것이다. 그렇기에 이 모노레일은 그 구조물과 시각적인 경험의 측면에서 매우 새로운 도시소비를 가능케 한다. 하부구조물의 선형성이 그다지 충격적이지 않게 기존의 도시조직에 이식되고 있으며, 또한 상부 모노레일 전차가 제공하는 도시풍경은 분명히 보행레벨에서는, 기존의 지상 동력원에서는 느낄 수 없는 부드러움smooth과 상승감을 제공하고 있다.

달링하버와 모노레일(백색라인)

새로운 도시소비의 장치-모노레일

또한, 시드니에는 이러한 도시소비의 선형적 움직임을 제공하는 프로그램을 하나 더 가지고 있다. 그것은 바로 크루즈cruise이다. 크루즈 프로그램은 다름 아닌 일정한 운임을 받고 고정적인 루트를 제공함으로서 도시경관을 판매하는 전형적인 관광상품이다. 시드니가 매우 많은 어트랙션을 가지고 있는 만큼 가지고 있는 크루즈 상품 또한 매우 많다. 필자가 탔던 크루즈는 마틸다Matylda 크루즈라는 것이었는데 결코 싸지 않은 가격이지만 매우 놀랄만한 뷰view를 보여 준다.

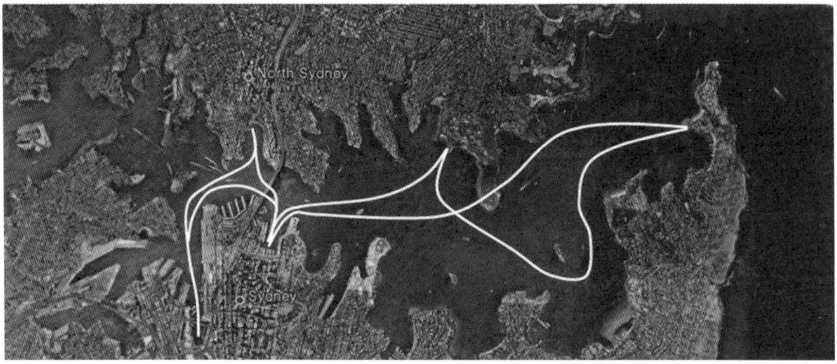

크루즈가 제공하는 선형 무브먼트movement

필자가 탑승했던 마틸다 크루즈와 그 선상

이렇게 도시경관을 진열시키는 방법 중의 하나가 바로 크루즈와 모노레일처럼 선형적인 움직임 자체를 기획해 주는 것이다. 시드니는 그런 의미에서 매우 수륙양용적amphibious이다. 모노레일이 육지에서 그리고 크루즈가 바다에서 기존의 경관을 끌어 모으고, 새로운 물리적 구조를 기존 도시에 각인시키는 역할을 하고 있다. 이러한 선형적 구조물들은 도시의 활성체generator로서 기능하기에 충분해 보인다.

3) 상품화된 풍경 : '블루마운틴Blue Mountain'

수목 사이의 지평선

시드니 지역은 산이 없다. 그렇기에 비행기에서 내려다 보는 도시지역은 끝없는 저밀도 주거의 연속이며 다시 교외지역, 특히 블루마운틴 지역은 끝없는 대평원의 녹지로 나타난다. 필자가 열차를 타고 블루마운틴이라는 경관을 따라 움직일 때 땅은 말로만 듣던 지평선을 보여 주고 있었다.

시드니에서 대략 2시간 정도 내륙으로 들어오면 '카툼바katoomba' 라는 역이 나온다. 이곳이 바로 블루마운틴으로 가는 기착지이다. 워낙에 절경이 유명한 이곳의 도시는 그 전망을 위한 하부구조처럼 발달해 있다. 역을 중심으로 2곳의 전망포인트view spot가 있다. 하나는 전망대로서 개발된 '에코포인트Echo point' 이고, 다른 한쪽은 아예 그러한 전망소비에 움직임을 부여한 '씨닉월드Sceinic World' 이다. 특히, 씨닉월드는 블루마운틴을 온 몸으로 느낄 수 있게 기획한 경관상품의 전시장이었다. 이곳을 상징하는 '세자매봉' 이라는 자연물과 확 트인 경관을 중심

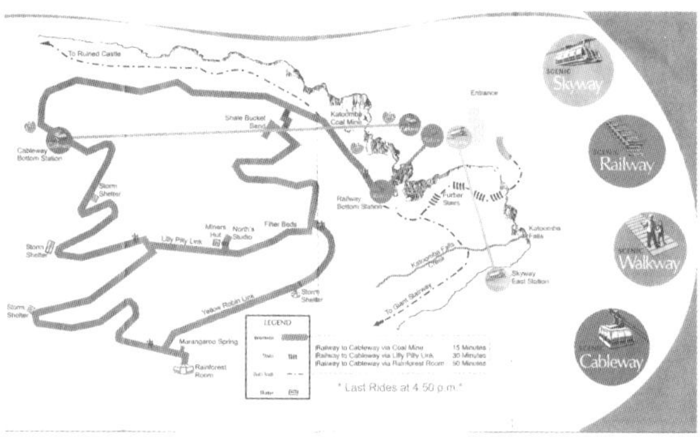

Scenic World의 4상품과 가지고 있는 선형 무브먼트movement

으로 'skyway' 라는 케이블카 상품과 열차를 타고 이동하는 'railway' 라는 약 2분간의 급경사코스, 그리고 절벽 중간부분에서 성장하는 원시 자연림을 소요할 수 있게한 'walkway', 그리고 다시 여행의 출발지로 돌아오게 하면서 세자매봉을 볼 수 있게 한 'cableway'. 이렇게 모두 선형적 움직임을 가지고 전망을 소비시키는 상품을 개발해 놓고 있다.

이곳에서는 자연이라는 대상 또한 이렇게 자본에 의해 기획되어 드러나게presentation 되고, 그것을 소비하게끔 판매되어 하나의 상품이 된다. 물론, 이곳은 상품화 어쩌고 이전에 이미 누구의 말대로 경이로운 풍광을 가지고 있다. 호주여행책자를 보면 이곳을 호주의 'little grand cayon' 이라고 하는데 충분한 이유가 있어 보인다.

블루마운틴의 전경

끝이 안보이는 땅의 수평선과, 울창한 산림, 그리고 그것을 오르내리는 연기 같은 하얀 운무. 특히, 멀리 보이는 산림의 빛깔은 영락없는 푸른색이다. 그렇기에 '블루' 마운틴인 것이다. 그림에서 오른편의 철구조물은 cableway의 구조물이다. 이곳은 이렇게 하얀 운무가 아래 위로 솟아오르고, 또 폭포처럼 내려 가기도 하는데 그건 고무나무가 조그만 입자particle를 하늘로 내뿜는 것이 이곳의 수증기와 합쳐져 일어나는 현상이라고 한다. 이것은 이곳이 아니면 볼 수 없는 자연의 현상이다.

4) 소비공간들 : Queen Victoria Building과 Sydney tower

도심공간 시드니는 대략 2갈래로 나뉘어 있다. 서큘러키까지의 남북축을 중심으로 관공서와 오피스가 밀집해 있고, 스트릿 마킷의 형식이 발달하고 있다. 그리고 또 다른 축은 달링하버까지의 기울어진 동서방향이다. 이곳은 주로 소비공간, 마켓, 그리고 엔터테인먼트의 공간들이다. 먼저 동서축에서의 마켓시티market city와 남북축에서의 퀸빅토리아빌딩QVB, 그리고 시드니타워Sydney tower를 언급하고자 한다.

- 마켓시티 : 리노베이션의 멋

'마켓시티market city' 는 달링하버로 연결되 있는 휴식공간을 지나면서 나오는 첫 번째 빅마켓이다. 또한, 이곳은 서울의 남대문 시장처럼, 시드니인에게는 매우 친숙한 재래시장이라고 한다. 그런데 필자는 다른 것보다 리노베이션renovation을 통한 시간의 축적을 이야기하고 싶다.

마켓시티 : 병치된 Old & New

붉은 적벽돌로 되어 있는 상부와 하부구조물이 좀 다른 시간성을 느끼게 해주는데, 대번에 신구의 시간차로 읽혀지고 있다. 필자에겐 이런 병치juxtapositon가 매우 아름답게 보인다. 구舊 구조물을 파괴하지 않고, 그것의 도시문맥을 그대로 느끼게 하면서 새로운의 조직을 이식시키고 있고, 그 또한 모두를 이렇게 그대로 드러내고 있다. 이러한 시감視感의 연속성은 도시민의 실존형성에 매우 중요한 것이다. 왼편의 그림을 보면, 올드old로서의 하부구조물이 거리의 시감에 그대로 반영되고 있음을 볼 수 있다. 그리고 이 마켓이 아름다운 것은 이러한 외부의 병치가 내부에서도 일관성 있게 유지되고 있다는 것이다.

마켓시티 : 병치된 Old & New(내부)

사진은 1층레벨의 시간이 묻어 있는 공간과 3층레벨의 새로운 공간의 병치를 보여 주고 있다. 물론, 이러한 병치는 얼마간의 올드old에 대한 파괴를 감수해야 하겠지만, 이곳의 재래시장으로서 가지는 마켓의 아이덴티티identity를 잃지 않고 유지하면서, 상층부의 기획상품 및 푸드코트의 수요를 받아들였다는 것은 우리나라에서도 시사점이 크지 않을까 사료된다.

- 상투적 아트리움 : Queen Victoria Building

시드니의 남북축에 있는 Queen Victoria로 눈길을 돌리면, 이곳은 1898년에 건축되어 재래시장으로 쓰이다가 호텔과 카지노로 사용되기도 하였다고 한다. 필자에게 있어서는 다시금 아트리움Atrium이라는 공간상투어구spatial cliche를 보게 된다. 아트리움. 아트리움은 참으로 단순하면서도 힘이 있는 공간어휘임엔 틀림이 없다. 적층되는 층의 높이 만큼이나 뚫린 공간은 그 자체로서 스펙터클spectacle화되어 만보객에게 다가간다. 그렇기에 현대까지 이 아트리움의 언어는 지속되고 있고 앞으로도 계속될 것이다. 더군다나 이곳은 아트리움이 아케이드arcade의 형식이 되어 선형성linearity을 획득하고 있다.

퀸빅토리아빌딩 : 상업공간의 상투어구cliche = 아트리움, 아케이드

- 시드니의 모뉴멘트 : 시드니타워

시드니타워Sydney tower는 시드니의 모뉴멘트monument이다. 도시에는 어딜 가나 타워형의 오벨리스크를 욕망한다. 그렇기에 웬만한 도시에는 항상 수직적인 모뉴멘트들이 존재한다. 그리고 그렇게 구축된 오벨리스크obelisque 위로 인간이 올라

가면 마치 신이라도 된 듯 도시를 내려다 볼 수 있는 기회를 얻게 된다. 이렇게 바벨의 신화는 계속되는 모양이다.

시드니는 평야의 도시이다. 근처에 산이 없기에 이곳에서는 조명의 지평선을 볼 수 있다. 이것 또한, 다른 곳에서는 절대 볼 수 없는 조망일 것이다.

> 상승은 우리를 도시의 구속과 거리생활의 열광적인 행동으로부터 들어 올려 비록 잠깐이지만, 우리를 여행자로 만들어 준다. 그 상승은 사람을 매혹시켜 사로 잡는 세상을 사람들의 눈앞에 놓여진 텍스트로 변화시킨다. 이때, 우리는 실제적으로 도시를 소유하는 대신, 도시를 상상 속에서 소유하게 되는 것이다.– 도시의 정치경제학, 서론

5) 결론

시드니는 진열된 도시[displayed city]이다. 우리가 백화점에서 쇼핑을 할 때 만나게 되는 진열장 안에 예쁘게 포장된 상품의 환등상에 즐거워 하듯이, 이곳 시드니는 천혜의 자연과 그것에 적응하는 인공의 구축물이 시간의 퇴적과 함께 이루어진 물리적 하부구조를 가지고 있다. 여기에 이들은 자본의 기획, 아이디어를 통해 이러한 도시-하부구조를 진열시킨다. **진열화란 곧 나타내는 것**[representation]이다. 필자는 서큘러키의 진열을 보았고, 오페라하우스와 하버브릿지의 진열을 보았으며, 진열장으로서 진열도구로서의 모노레일과 크루즈를 탑승했다.

또한, 자연의 진열의 한 예로 블루마운틴의 Scienic world를 보았다. 이렇게 진열되어 나타나는 도시는 다시 도시민에게서, 필자와 같은 만보객에게서 소비되고, 구매되는 것이다. 진열화란 매우 중요하다. 왜 같은 값이면, 예쁘게 포장된 것이 잘 팔리듯이 말이다.

서울이 시드니보다 비쌀까?
Is Seoul more expensive than Sydney?

행복한 소비 – 자본과 건축공간

A HAPPY COMMERCIAL

Part. 3

소 | 비 | 사 | 회

COMMERCIAL SOCIETY

1. 장소판매론

1) 개괄

언제부터인가 우리의 주위엔 수많은 땅들이 팔고 팔리고 전시되고 유통되고 있다. 그러나 땅 자체는 땅일 뿐이지만, 그곳이 상품이 되려면 어떤 '꿈' 이 담긴 그림이 필요하게 된다. 이러한 꿈을 실현하는 작업이 이른바 '시행' 이다. 그러나 자본주의가 정착되면서부터 시행은 그 과정상에서 왜곡되어져 나타나기도 하였고, 몇몇 땅 투기꾼들이 그 덕에 노력하지 않고 돈을 벌 수도 있었던 기회가 되기도 했다. 그러한 부정적 사회의 인식으로만, 혹은 경제적 시각에서의 '시행' 으로만 볼 것이 아니라 사회 · 문화적, 아니 그 땅이 가지는 장소성을 판매하는 전략으로의 수정을 요구받게 되었다. 그러한 측면에서 등장한 말이 바로 '장소마케팅' 이다. 이 말은 마치 어떤 장소의 혼genius loci을 구매할 수 있다는 환상을 제공함에 충분하였다. 얼마나 매력적인 단어의 조합인가.

2) '시행'

시행은 땅을 전유專有[63]한다. 생활환경의 물리적 토대로서의 '땅'은 직접적 투자의 대상이기도 하지만 이른바 '시행'과정을 통하여 한층 더 부가가치를 가질 수 있는 기회의 땅이 되기도 한다. 그것은 땅에 대한 지분의 소유를 통해서 획득되어 지며, 또한 그것은 고대의 농경문화가 정착되면서부터 나타난 이른바 지대地代를 획득할 수 있는 기회가 되었다. 물론, 비싼 값의 지대를 받으려면 땅이 '기름져야' 한다. 농경문화의 기름진 땅은 각종 작물이 잘 경작되어 지는 곳이라면, 소비문화의 기름진 땅은 투자자들을 잘 끌어모을 수 있는 군중들로 넘쳐나는 땅이어야 한다.

묘지까지 시행하는 000그룹

63) 전유專有, appropriation : 이 말의 사전적 의미는 '독차지함' 또는 '독점'으로 일반적 어법에서는 자기 혼자만 사용하기 위해 흔히 허가없이 어떤 것을 차지하는 행위를 가리킨다. '전환하여 소유하다.' – 동아백과사전

3) '장소마케팅'

장소마케팅 또한, 전통적 '시행' 과 마찬가지로 땅을 판매하는 방식이다. 그러나 여기서는 땅을 '장소' 로서 해석하고 그것에서 어떤 이미지를 이끌어 내는 것이 기존의 '시행' 과는 다른 방법이다. 땅이 장소가 되려면 이른바 '장소의 혼' 을 전제한다. 그렇기에 장소마케팅은 장소의 혼을 파는 것이 된다. 그러나 그것은 그 장소만이 가지는 그 장소를 점유하면서 생활을 하면서 만들어지는 그리고 영글어지는 총체적 이미지이기에 당연히 시간의 축적을 필요로 한다. 그러나 이러한 마케팅적 장소에서는 축적된 시간이 없다. 그렇기에 판매상들은 기존하는 현재의 장소들이나 주위의 장소들이 가지는 이미지를 이끌어 내고 덧붙여가며 개발하게 되는 것이다. 그렇게 해서 만들어지는 장소의 이미지들을 투자자들이나 실수요자들은 구매하는 것이다.

좀더 앞선 판매방식 : 내나라 여행박람회 – 좀 편안해 보이지 않은가?

4) 상품으로서의 장소

필자의 견해로 본 장소마케팅은 시행의 발전단계에 지나지 않는다. 그러나 이러한 부정적 이미지만을 가져서는 안 된다. 이미 후기자본주의의 시대에 장소마케팅은 지역을 살리는 필수 전략이 될 수 밖에 없다. 그것은 어떠한 장소가 활성화가 되기 위해선 자본의 투여가 필수이기 때문이다. 자본이 외면한 장소에는 썰렁한 잡풀만이 자라는 슬럼slum이 될 수 밖에 없다. 그것은 국가적인 자본생산의 총량에 한계가 있을 것이고, 그렇기에 선택받지 못한 땅이 되지 않기 위해 필사적인 것이다. 작금은 외국의 부동산업체들까지 자신들의 장소를 판매하기 위해 국적불문하고 자본의 유치에 혈안이 되어 있다. 그것은 또한, 이른바 관官이 대표적인 장소판매상들이 된 이유와 다름 아니다. 이러한 시각으로 볼 때 우리의 장소는 우리의 상품이다. 그렇기 때문에 그러한 상품들이 선택되어져 세계시장에서 판매되기 위해서는 어떠한 부가가치가 덧붙여져야 할까를 고민하게 하는 것이다.

드디어 관官이 판매상이 되었다. – 부동산박람회 서울전시관

후기 자본의 작동양상 – 이미 국가는 중요치 않다 : 당신은 샌프란시스코 하면 무엇이 떠오르십니까?

2. 가짜 경관의 생산과 소비 : 유리카모메 이야기

> 특히, '덱스decks' 엔 이런 공간이 있다. 유리카모메라인의 '레인보우 브릿지Rainbow bridge' 라고 하는 새로 건설된 다리가 있다. 이 다리를 배경으로하여 미국 뉴욕의 자유의 여신상의 모조품을 배치시켜 놓았다. 그러면서 관광객들은 마치 뉴욕에 온 듯이 사진을 찍는 행위를 연출한다. 이것이야 말로 완벽한 가짜simulacre이다.

'덱스decks' 에서 바라본 '레인보우 브릿지Rainbow bridge'

1) 건축-도시에 있어서의 씨뮬라크르simulacre의 의미와 가치

도시는 씨뮬라크르[64]를 생산한다. 근대화의 과정 속에서 형성된 현대도시는 많은 다양성과 이질성이 자본이라는 추상체에 포섭되어 펼쳐지고 있는 씨뮬라크르의 바다이다. 도시인들은 이러한 씨뮬라크르의 바다 속에서 자신의 영역을 선택하고, 그곳에서 일상을 구성하며 자신의 신체를 영위하는 것이다. 씨뮬라크르라는 말을 한마디로 정의하기는 어렵다. 이 단어에 대해서는 그것을 바라보는 시선에 따라, 태도에 따라 부정과 긍정의 의미로 양분되는 듯 보인다. 먼저 부정의 의

64) 씨뮬라크르simulacre. 순간적으로 생성되었다가 사라지는 우주의 모든 사건 또는 자기 동일성이 없는 복제를 가리키는 철학 개념

미부터 살펴 보자. 씨뮬라크르는 한마디로 이데아idea의 반대라는 것이다. 즉, 실상과 허상에서 허상이라는 말, 즉 고대 플라톤의 시대부터 현대철학이 개화하기까지 씨뮬라크르는 대상에 대한 우리의 명료한 인식을 방해하는 훼방꾼의 역할로만 지위를 부여받았다. 즉, 그 시대의 에피스테메episteme[65]는 그런 인식만을 허용할 뿐이었다.

니체 : 씨뮬라크르의 복권. 순간을 받아들이면서 생성을 사유하다.

그러나 니체Nietzsche 이후 현대사상의 격변이 시작되면서 이 가짜라는 의미의 씨뮬라크르의 지위가 달라지기 시작한다. 즉, 영원한 이데아, 동일성의 존재적 근거가 흔들린 것이다. 그것은 순간, 즉 사건을 사유체계 내에서 받아들이면서 이러한 동일성의 신화는 깨어진 것이다. 이때부터 씨뮬라크르는 긍정의 의미를 획득한다. 즉, 사건을 촉발시키는, 인식의 형성을 가능케 하는 잠재태로서의 지위이다. 이것은 실로 대단한 변화가 아닐 수 없다. 즉, 한 사물을 보면서 자꾸 동일성을 획득하려는 인식의 태도와 이제는 차이를 오히려 생산하려는 인식적 태도의 변화. 그것은 생성生成을 사유하려는 현대철학과 맞닿아 있는 것이다.

---

65) 에피스테메 episteme : [명사]〈철학〉 플라톤 철학에서 이데아에 대한 지식을 이르는 말로서 실천적 목적에 제약을 받지 않는 원리 및 원인에 대한 순수한 지식을 가르킨다. 이후 미셸 푸코에 의해 시간에 대한 진리의 한계성을 논하면서 차용되었다. – 동아대백과사전

일상의 시간 : 우리의 신체가 외부에 대해 습속으로 반응하는 시간

이러한 긍정의 의미를 획득한 씨뮬라크르의 시각으로 건축-도시를 바라보자. 과연 어떤 의미가 있을까. 우리는 도시 내에서 공간을 소비하는 방식을 둘로 구분할 수 있다. 일상과 비일상의 그것이다. 일상은 이미 우리의 신체가 외부에 대하여 완전히 공간적인 물리적 실체를 수용하여 습속으로서 고착된 시간이라 할 수 있다. 출근길을 예로 들어보자. 아침에 일어나 지하철을 타고, 오피스에 출근하는 일상을 살펴 보면, 그리 많지 않은 공간적 경험을 하고 있다는 것을 알 수 있다. 매일 일어나는 집, 매일 타는 지하철(오히려 지하철을 탈 때면 다가오는 풍경에 대해 신경을 안써도 된다는 편안함도 있는 듯 하다.) 그리고 오피스. 이처럼 우리의 신체적 적응이 끝난 일상에서는 다양한 공간적 씨뮬라크르를 인식할 수 있는 가능성이 그 만큼 줄어든다.

그러나 비일상의 경험, 예를 들어 출근길을 배를 타고 간다면? 아니 새로 생긴 무인경전철을 타고 간다면 어떤 일이 벌어지는가? 이럴 경우, 우리의 신체는 반응을 시작한다. 나의 의지와는 무관하게 새로운 경관이 다가오는 것이다. 그것은 지금까지 습속화되어 다가오는 일상에 새로운 씨뮬라크르들이 다가오는 것이라 할 수 있다. 이러한 신체적 변용의 과정을 통해 우리는 사건을 유발하며, 행위를 만드는 것이다. 이러한 측면은 우리의 도시를 시각적 해석의 대상물로만 보아왔던 기존의 도시관에서 능동적인 신체적 도시로의 이해를 의도한다.

비일상의 시간 : 우리의 신체가 외부에 대해 능동적으로 반응하는 시간

오히려 인식을 전환하여 공간을 소비하는 측면으로 해석해 보면 흥미롭다. 즉, 가만히 우리의 일상을 들여다 보면 우리는 각종 씨뮬라크르를 소비하면서 지낸다고 할 수 있다.

2) 건축-도시적 씨뮬라크르에 대한 유형 및 사례

- 경관적 씨뮬라크르

건축-도시적 씨뮬라크르의 생산방식이 경관적인 방향으로 이루어지는 것으로써 이것은 곧 도시인들에게는 다양한 사건 및 행위를 유발시키는 잠재태로서 작동하

경관적 씨뮬라크르 : 종로타워는 근대의 파괴라는 오명에도 불구하고, 종로경관에 대한 새로운 시선을 던져 주고 있다. 이렇게 새로운 건축적 장치에 의한 구 도시에 대한 새로운 공간인식은 우리의 신체를 움직이고, 그것에 의해 도시경험-사건은 만들어진다.

는 것을 말한다. 메트로폴리스 안의 대도시인들은 거의 정해진 루트에서 일상을 보낸다. 그런데 그러한 일상 속에서도 어떤 건축물이나 도시적인 구축물들이 건축적 심상으로, 아니 환경적 이미지로 들어오게 될 때가 있다.

그 경험은 매우 소중하다. 그것은 어느 누구에 의해 정의될 수 있는 동일성을 가질 수 있는, 규정되어지는 것이 아니다. 그것이야말로 개인의 심상에 스며드는 씨뮬라크르의 작동방식인 것이다. 이러한 경험에 따라 도시인은 그 장소에 대한 건축-도시적 심상을 획득하며, 의미를 해석하고, 그에 따라 신체를 움직이며 사건을 만드는 것이다. 바로 이것은 시각적 이미지로서의 도시-경관이 신체적 실천의 도시-경관으로 바뀌는 것이라 할 만하다.

– 폐쇄적 씨뮬라크르

폐쇄적 씨뮬라크르 : 노래방 – 미디어에 의해 점유되어 버리는 씨뮬라크르의 소비

건축-도시적 씨뮬라크르의 생산방식이 경관적으로 이루어지는 것이 아닌 경관과는 무관하게 안에서 폐쇄적으로 이루어지는 것을 말하며, 이러한 씨뮬라크르는 대부분 미디어media에 의해, 아니면 자본에 의해 완전히 점유되어 그것의 틀로서의 건축-도시는 그 장소만을 제공하는 단위체로서만이 작동할 수 있을 뿐이다.

먼저 미디어에 의한 점유를 보면 대표적인 예가 바로 '방'의 문화로 귀결되는 각종 ○○방들의 존재양식들이다. 노래방, 비디오방, 단란주점, 전화방 등...

그곳에서는 경관을 생각할 수가 없다. 오로지 도시인들은 신체의 대부분을 미디어의 소비에만 열중하게 되며 결국 그러한 도시인은 신체적 소비를 건축-도시에 할 수 있는 기회를 상실하게 되는 것이다.

또한, 자본에 의한 점유가 이루어지는 곳들은 대부분 폐쇄적인 씨뮬라크르들을 생산한다. 대표적인 예가 19C의 원형식으로 남아있는 아케이드들이 있다. 아케이드는 전형적인 상품의 매매를 위한 공간이다. 그곳에서는 모든 상품들이 도시인의 신체를 점유한다. 물론, 현대의 상업공간들이 규모가 클수록 많은 엔터테인먼트의 요소들을 결합시키는 전략들을 사용하고 있다. 즉, 물건만 사러 오는 공간이 아니라 그곳에 문화 및 레저, 휴식의 레크리에이션 공간들 제공하는 것이다. 이것은 폐쇄적 씨뮬라크르를 극복해 보려고 하는 적극적인 노력이라 할 만하다. 여기에 어떤 경관까지 끌어들이고 도시를 끌어들이는 전략들은 앞으로 더더욱 시도되어야 할 부분이다.

도시의 롤러코스터rollercoaster?

3) 경관적 씨뮬라크르의 생산 사례 – 유리카모메라인Yuricamome line

관광객들에게는 속칭 '오다이바'라 불리고 있다. 이곳은 생존 가능한 기존 각각의 도시거점들을 몇가지의 새로운 프로그램을 이식시켜 유리카모메라는 선형을 가지고 묶어 낸 한마디로 도시적 복합 관광 컴플렉스mega urban amusement complex 이다. 관광객에게 통칭되어져 묶여 소위 '오다이바'라고 불리고 있다는 것만 보아도 그곳은 이미 개별체적인 건물의 군의 집합이 아닌 어떤 지역으로서의 확장된 도시성을 획득하고 있다는 반증이다. 그것은 각각의 건물들이 가지고 있는 동일성을 유리카모메라고 하는 선형 전철을 가지고 연결시켜 어떤 적극적인 경관적 씨뮬라크르를 생산하고 있는 것이다. 또한, 이러한 인공선형물은 도쿄의 해안가에 위치하여 해안풍광까지 끌어들이고 있다.

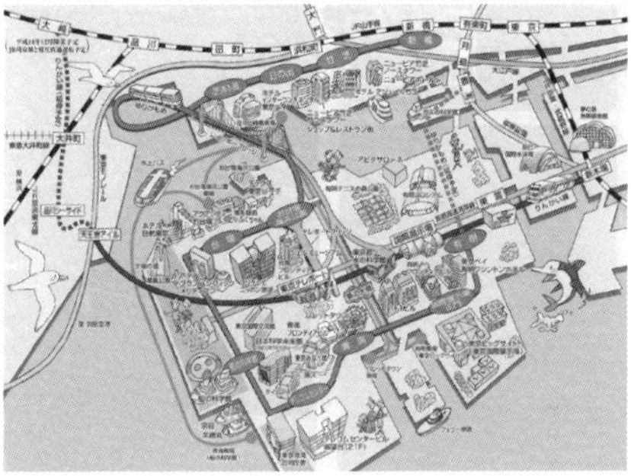

유리카모메라인 1. 운행코스

이번엔 구체적인 경관적 씨뮬라크르를 생산하는 사례를 살펴 보면, 먼저 유리카모메라인 그 자체를 예로 들 수 있다. 해안풍광을 배경으로 그 무인전철은 20~30m 높이의 지면에서 시속 50~60km로 운행한다. 해안의 경관은 그 높이와 속도에서 지상의 움직임과는 다른 심상을 만들어 준다. 전혀 경험할 수 없었던 그 장소에서의 높이와 속도, 어찌보면 이것의 경험은 놀이동산의 롤러코스터rollercoaster를 해안가로 이식시킨 것과 같다. 속도와 높이의 새로운 물리적 경험, 그것 자체로 도시인은 강한 경관적 씨뮬라크르를 인식하는 것이다.

두 번째로 운행코스에 관련된 전략들을 살펴 보면, 이미 그 지역은 기존의 공간적 거점들이 군데 군데 산재하고 있었다. 빅사이트, 후지TV를 위시하여 몇몇 건물들이 제각기 나름대로의 공간거점을 장악하여 위치하고 있었다. 곧 각각의 씨뮬라크르를 생산하고 있었던 것. 그런데 이 산재된 씨뮬라크르들을 유리카모메라인이 묶으면서 하나의 거대한 씨뮬라크르로 다시 형성됨을 알 수 있다. 그리고 그 사이공간으로의 해안풍광은 그 연결에 결정적 요소로 기능하고 있다.

유리카모메라인의 풍경

마지막으로 새로운 프로그램의 이식 측면을 생각해 보면, 상기 기존의 공간거점들을 연결하고, 새로운 경관적 씨뮬라크르의 원동력인 무인전철이 있는 곳에다가 다시 국제사무공간, 복합레저, 문화, 소비공간의 새로운 물리적 토대를 제공하는 것이다. 먼저 국제 사무공간을 신바시shinbashi에 위치시켜 긴자Ginja에 비해 다소 낙후되어 있던 지역에 활력을 주었으며, 유리카모메의 출발점이 되었다. 또한, 갖가지 레저문화의 개입, 온천욕장, 해안욕장 등이 주요한 기능으로 이식되었다. 또한, 문화공간은 과학문화관, 정보센터, 도요타전시관 등이 곳곳에 배치된다. 그리고 비너스포트Venus port, 덱스Decks 등이 소비공간을 구성하고 있다.

어느 것이 원조인가? 비너스포트Venus port와 포럼샵Forum shops(라스베이거스)

도시는 자본이 움직이고 활동하는 공간적 거점이다. 따라서 도시는 자본과 매우 긴밀할 수 밖에 없고 어느 한 도시가 외부적으로 어떻게 보이느냐 하는 것이 자연스럽게 그 도시의 자본의 위상을 가늠케 한다. 그런데 무턱대고 자본만 유치하는 것이 아니다. 그건 분명히 프로그램이 필요하다. 도시에 맞는, 도시가 필요한, 도시에 시너지가 될 수 있는 프로그램. 그건 매우 치밀하게 계획되고 상상되어야 한다. 분명 낙후된 곳에 시작점을 세우고 잊혀져 있던 도쿄의 해안조직을 활성화시킨다는 전략 아래 유리카모메는 탄생되었을 것이다.

4) 결론

이것으로써 경관적 씨뮬라크르와 그것의 의미, 생산에 관한 개략적인 고찰을 해 보았다. 다시 말하면 대도시, 메트로폴리스는 한마디로 **씨뮬라크르의 바다**이다.

유리카모메 티켓

이러한 수없이 명멸하는 잠재태로의 씨뮬라크르에 대해 건축-도시인 입장은 그것을 받아들이는 수동적 역할을 넘어, 오히려 적극적으로 그것에 대한 경관적 생산이 가능케 해야 할 것으로 여겨진다. 이러한 경관적 씨뮬라크르를 생산하는 물리적 토대를 제공하여야 하는 건축-도시인들은 오히려 경관전문가가 되어야 한다. 이것이야말로 도시를 시각적 해석에서 **신체적 실천의 경험장**으로 만들 수 있는 것이라 믿는다.

'씨뮬라크르' 의 바다 = 메트로폴리스, 서울Sea of 'Simulacre' = Metropolice, Seoul

3. '얇은' 공간 : 공간 안의 시선과 권력

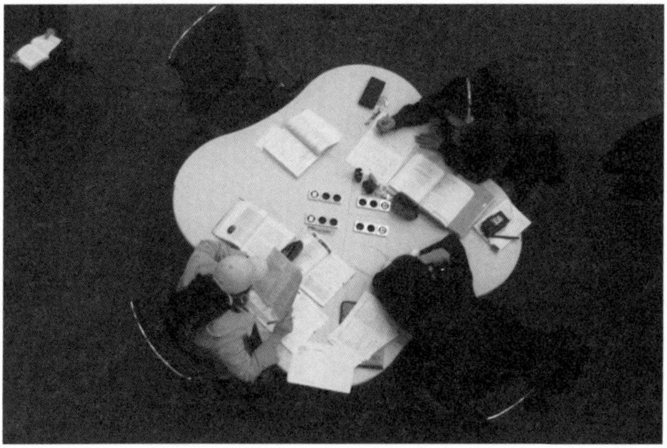

정보도서관 자유열람석 - 국립중앙도서관

1) 첫 번째 장면

도서관은 책을 보는 곳입니다. 그러나 필자는 감히 이곳을 현대인의 노마드적 경험nomadic experience을 가장 강밀하게 느낄 수 있는 곳이라 생각합니다. 간단히 출입과 입장의 절차를 살펴봅시다. 소지품을 보관소에 맡기고 간단한 볼꺼리를 가지고 갑니다. 그것은 노마드적 장에 대한 입장의식ritual에 다름 아닙니다. 그는 그것으로서 신분에 대한 절차를 마쳤습니다.(아마도 상업시설이라면 현금교환이 일어났겠지요.) 사람들이 많습니다. 그들 대부분은 자신의 세계에 빠져 있습니다. 어떤 사람은 노트북에서 자신의 작업을 하고, 어떤 사람은 고정 모니터에서 자신의 목록을 검색합니다. 어떤 사람은 개인공부를 하고, 어떤 사람은 자기도 하고, 어떤 사람은 남이 뭐를 하고 있나 두리번 거리며, 또 어떤 사람은 빈 자리를 찾아 이리저리 왔다갔다 합니다. 자, 자리를 발견했습니다. 사람들이 많아 자리잡기가 쉽질 않군요. 의자에 몸을 기대고 가방을 올려 놓습니다. 이젠 개인세계에 빠질 수 있는 물리적 환경은 보장된 셈입니다. 필자는 노트북을 가져 왔습니다. 요새는 노트북 도난자들이 많아 필자도 잠금장치를 휴대했습니다. 그리고 그것을 이용해서 의자와 노트북을 연결시킵니다. 이건 **유목민의 위치표시**에 다름 아닙니다. 아무리 유목민이라도 어떤 고정물fixture에 자신의 거점을 마련하는 것은 피할 수 없습니다. 이제 무언가를 바라보며, 나는 나의 세계에 빠져듭니다. 그것이 책이라는 물리적 미디어이건, 스크린상에서의 픽셀pixel이라는 허구이건 간에 그것들은 나의 뇌활동을 자극하며 나를 몰입시킵니다. 남들externity은 보이지 않습니다.

여기까지의 경험은 공적인 공간에서 사적인 공간으로 들어가는 과정이다. 도시의 공적공간의 영역과 사적공간의 영역은 지극히 단절적인 경험이다. 그러나 그 과정procedure은 매우 간단하다. 단지 자리를 찾아 의자에 앉고, 노트북만 고정시키면 되는 것이다. 이 말은 개인이 사적인 점유를 시작하고 그것을 작동시킬 때까지는 그 안의 공간의 형태form, 그 공간이 가지고 있는 모양shape은 전혀 무관하다는 말이다.

2) 두 번째 장면

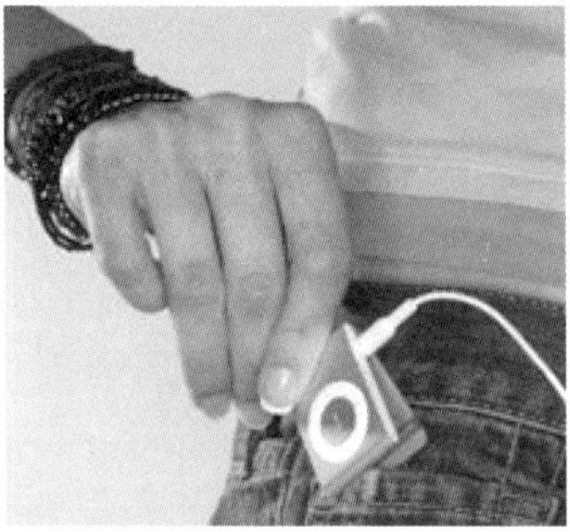

개인 미디어는 일상 어느 곳을 막론하고 공간의 깊이를 없애 버린다.

고개를 들어 봅니다. 가끔은 몸을 움직여야 또 인터넷 서치search를 할 수 있습니다. 사람들이 눈에 들어옵니다. 그들 또한, 필자처럼 무언가를 열심히 갈고 닦으며 공부합니다. 뭐하는 사람들일까. 자리를 일어납니다. 어슬렁거려 봅니다. 그것이 가능한게 이곳은 칸막이가 없기 때문입니다. 자연스레 고개만 돌리면 사람들이 뭐하는가가 훤히 들어옵니다. 아니 이런, 어떤 이는 액정보호필름을 달았군요.

정말 안보이네요. 이 사람은 증권을 합니다. 아주 그래프들을 눈을 뚫어지게 바라보고 있는 것이 투자를 많이 했고, 경험이 많은 모양입니다. 이 사람은 자기소개서를 쓰고 있군요.

다시 자리에 앉습니다. 그리고 이번엔 자리에 앉아서 사람들을 둘러 봅니다. 참으로 희한합니다. 이렇게 많은 사람들이 모여 있는데 그들은 서로 한마디도 하지 않고, 자신의 미디어에 빠져 있습니다. 이 공간은 사람들의 숨소리와 키보드소리, 조용히 무언가를 암송하는 소리, 그리고 공조기 돌아가는 소리 밖에는 없습니다. 이렇게 타인들은 서로서로를 철저히 단절시키고, 전혀 관계하지 않습니다. 그러나 분명히 함께 있습니다. 참 희한한 공간경험입니다. 그런 생각을 하니까 이곳이 매우 낯설어 집니다. 아니 영화의 한 장면을 보는 것 같더군요.

이 지점부터는 공간이 인간에 개입하고 있다. 즉, 그 안에서 일어나는 행위들을 허용하고 있고, 그것에서 인간은 타인과 관계를 시작하고 있는 것이다. 그러나 이 공간에는 바로 그 점에서 역설parodox이 숨어 있다. 그건 애초에 이곳은 사적공간의 영역이었기 때문이다. 이곳은 같이 모여 있지만, 사적으로 점유하고 사용하는 곳이다. 좀 전에 공적에서 사적으로 넘어가는 과정이 간단하다고 했지만, 그 반대는 더더욱 간단하다. 단지 허리를 펴고 눈만 돌리면 된다. 그 말은 공과 사의 영역이 한 순간에 결정되며, 그것이 순간적으로 변화하는 매우 '얇은 공간thin space' 이라는 것이다. 부연하면, 우리 조상들이 안동 도산서원에서 보여 주었던 위계공간의 점차적인 접근과는 대척하고 있다는 이야기이다. 필자는 이러한 얇은 공간에서 그동안 경험하지 못했던 새로운 긴장을 느낀다. 그 이유는 共과 私의 영역이 한순간에 결정되다 보니 자신의 입지를 共이면 共, 私면 私, 확실히 해야 한다는 이야기이다. 그것이 바로 그렇게 많은 사람이 모여 있으면서도 소통은 전혀 일어나지 않아야 되는 이 공간의 작동원리인 것이며, 우리는 그것을 의도하며 이 공간에 출입하는 것이 된다.

3) 세 번째 장면

이 정도를 느끼니 필자의 수집욕이 생겼습니다. 이 장면을 담고 싶은 생각이 들은 것이죠. 보관소에 맡겨 놓았던 카메라를 집으러 갑니다. 그리고 셔터를 누르려는데, 무언가 말할 수 없는 어떤 무언가something를 느낍니다. 그건 기운power과도 같은 것이었는데, 바로 **타인의 시선**other's gaze이었습니다. 아니 그들은 나를 보고 있지 않음이 분명한데 찍을 수가 없는 것입니다. 필자는 본디 낯이 두꺼워 어느 쇼핑몰이건, 길거리건 간에 심지어는 지하철 안까지 카메라를 곧잘 들이대곤 했었거든요. 그런데 이번에는 전혀 그럴 수가 없었습니다. 정말 절박해지더군요. 책장구석을 찾아 조용히 셔터를 누릅니다. 식은땀이 납니다.

왜 그랬을까? 필자는 이렇게 설명하고 싶다. 바로 얇은 공간에 담긴 시선에 담긴 권력power이 확실한 어느 영역에 들어가지 않고 중간자적으로 있기에는 정말 견디기 힘들게 만들었기 때문이다. 즉, 신분적으로, 입장적으로 주체에 대해 여분이 없는 공간no residue이라는 말이다. 철저하게 共이면 共, 私면 私만을 요구하는 얇은 공간. 우리는 학교에서 공과 사를 확정적으로 말할 수 없는 한국의 처마공간 같은 것에 찬사를 보내곤 했었다. 나아가 소비사회를 논하면서 쇼핑몰mall공간 같은 것을 보고 많은 사람들은 共과 私가 뒤섞인 공간이라고 말하곤 했었다. 그러나 이 공간은 그렇지 않다. 이곳은 철저하게 명쾌한 입장을 요구한다. 공간이 얇은 만큼 여분을 담아낼 수가 없기 때문이다. 그리고 우리가 놓쳐서는 안 되는 것이 미디어환경의 변화와 시선과의 관계이다. 기존의 책과 같은 신체적 미디어는 매우 아날로그analogue적이다. 그렇기에 칸막이와 같은 물리적 환경에 더더욱 몰입의 강도를 제공받을 수 있다. 그러나 현재의 네트워킹networking, 멀티미디어mulitmedia 환경은 굳이 그러한 폐쇄환경을 제공하지 않아도 충분히 개인적 점유를 이루어 낼 수 있다. 바로 그러한 이유로 필자는 미디어환경의 변화가 칸막이를 없앤 것이라고 보는 것이다. 앞으로는 길거리 어느 곳에서도 네트워킹이 가능한 세상이 온다면, 사람들은 자신이 휴대하고 있는 인터페이스interface를 가지고 바로 바로 연결하는 세상이 올지도 모른다.

4) 시선에 관한 이야기

시선에 대해 조금 더 나아가 본다. 시선이 권력성을 띠기 이전에 우리는 벌써 그것을 욕망하고 있다는 것이다. 그건 어쩌면 어려서부터 도서관이라는 공간이 만들어 내는 군중적 시선에 대해 훈련되어 있고, 그러한 공부라는 개인세계에 몰입을 하면서도 그러한 집단의 시선을 수용하고자 하는, 아니면 자신의 시선을 표출하기를 원하게 되었다는 것이다. 간단히 생각해 보면, 비록 혼자 하는 공부지만,

집에서 문을 잠그고 하는 공부방식과 여러 사람들이 한 번에 모인 곳에서 하는 공부방식과는 다르다는 것이다. 도서관은 이렇게 **훈련된 시선, 조장된 시선, 표현된** make-up **시선**을 통해 공간을 작동시키고 있다. 이러한 **디자인된**design **시선**에 대한 처리는 쇼핑몰의 푸드코트foodcourt에서도 나타난다. 개방된 공간에서 음식을 먹을 때와 일반음식점 같은 비교적 폐쇄된 공간에서 먹을 때와의 차이를 생각해 보면 쉽다.

일찌기 미셸 푸코가 판옵티콘pan-opticon이 가지고 있는 보이지 않는 시선작동을 통해 근대의 태동기 때의 시선-권력을 논했다면, 필자는 네트워킹과 도서관이라는 얇은 공간thin space을 통해 조작된manipulated 탈근대시대의 시선-욕망을 말하고 있는 것이다.

문제는 이 둘이 확연히 차이가 있다는 것이다. 근대의 판옵티콘이 이러한 조작된 시선에 의한 권력의 작동에 초점이 맞추어졌다면, **현대의 얇은 공간에 의한 조작된 시선은 오히려 타인의 응시를 욕망하게 만든다**는 것에 있다.

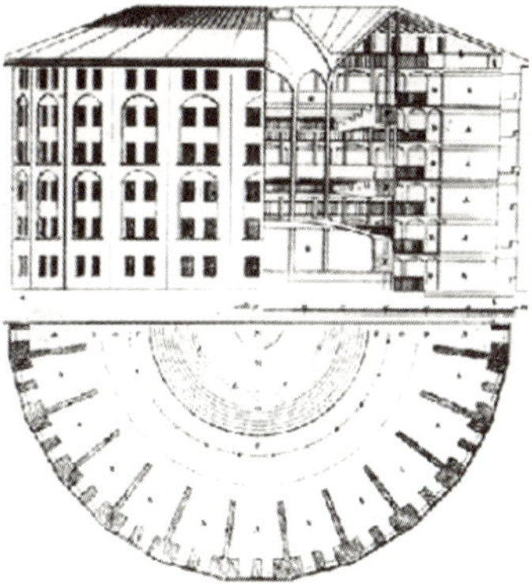

근대의 조작된 시선의 공간 : 판옵티콘panopticon[66)]

66) 1791년 영국의 철학자 제러미 벤담이 죄수를 효과적으로 감시할 목적으로 고안한 원형 감옥을 말한다.

– 현대의 얇은 공간들

조작된 시선 1 : 도서관 열람실

조작된 시선 2 : 푸드코트foodcourt

조작된 시선 3 : 쇼핑몰shopping mall

5) 마지막 장면

이제 자리에 돌아왔습니다. 조용히 카메라를 집어 넣고 다시 주위를 의식합니다. 앞에 있는 사람이 짐을 싸는 것이 눈에 들어옵니다. 그는 매우 많은 미디어를 가지고 있었습니다. 노트북이 펼쳐져 있고, 영어사전, 몇가지의 노트와 필기구들. (하다못해 책상이라는 곳은 볼펜 몇자루만 있어도 존재감이 느껴지는 공간입니다.) 하나 둘씩 싸 넣으면서 공간이 비워지고 있습니다. 자리를 일어섭니다. 그가 떠나고 남은 그의 빈 자리는 완전히 비워졌습니다. 다시 내일 아침이면 또 다른 그가 올 것입니다. 그리고 노트북을 묶고 자신의 영역을 점유할 것입니다. 물론, 다른 사람의 시선을 의식하면서 말이죠.

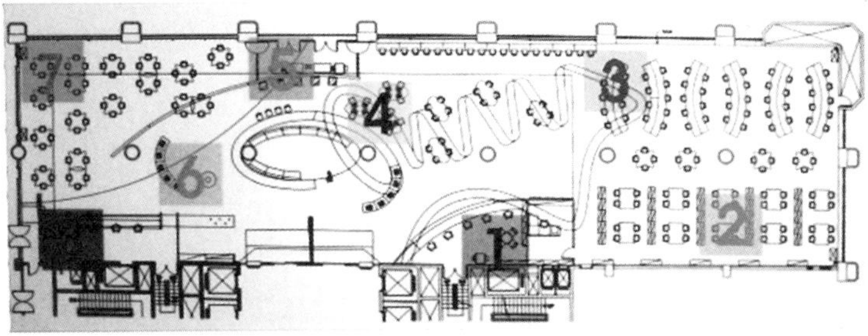

국립중앙도서관 정보서비스실 평면

4. 행동이 상품화되는 현대도시[67)]

1) 들어가며

자본은 시장, 노동력, 화폐라는 체계에 의해 자본주의 체제를 만든다. 그리고 그 안에서 삶을 영위하는 현대인들은 소비 주체로의 신분과 함께 소비 객체로서의 상품의 신분 또한 가지게 된다. 즉, 그 말은 노동시장에서의 상품으로서의 인간 뿐만 아니라 상품시장에서 노출된 인간을 이야기함이다. 이렇게 상품으로서 인간은 소비행위를 행함으로써 자신의 욕망을 충족하게 되며, 그렇게 획득한 자신의 욕구충족의지는 지속성을 얻는다. 그것은 마치 파블로프의 조건반사가 종소리와 침을 연계시켜 작동하듯이 자본에 의해 기획되어진 행동들은 무의식 중에 도시인의 욕망구조를 바꿔 놓았고 도시민이 도시를 느끼는 지형도를 바꿔 놓기에 충분했다.

이렇게 상품의 대상으로서 인간은 바로 행동의 상품화와 직결된다. 즉, 인간의 행동이 상품화됨으로써 자본은 지속된 욕구충족의지를 만족시키고, 그것을 위해 인간은 비용을 지불하면 되는 것이다.

따라서 본 연구는 이를 바탕으로 현대사회에 등장한 행동의 상품화가 이루어지는 장으로서의 도시를 바라보고자 한다. 이는 행동의 상품화를 위한 수용공간이 필요하게 되며, 이로 인해 탄생된 각종 수용공간들은 다양한 형태를 가지고 도시 내에서 존재하고 있다. 이러한 생각을 바탕으로 도시 내의 행동의 상품화라는 양상을 살펴 봄으로써 첫째, 자본이 어떠한 점에서 인간행동에 영향을 주며, 그리고 그것이 어떻게 상품화되게 하는지, 둘째, 상품화가 되는 조건들의 배경이 어떻게 이루어지는가에 대한 해답을 찾고자 함에 연구 목적이 있다.

67) 본 문은 서울시립대학교의 도시과학대학원 졸업논문이며, 대한건축학회 06년 12월호에 게재되었습니다. 신범식 지도교수님과 심사위원으로 송인호, 박철수 교수님께서 수고해 주셨습니다.(원제 : '현대도시건축과 행동의 상품화에 대한 연구')

행동의 상품화 개념을 통해서 소비공간으로서 도시건축을 바라볼 수 있다. 이른바 프로그램들의 구현체라고 하는 단순한 도시건축의 기능주의적 관점에서 벗어나 자본이 오늘날의 도시건축에 어떻게 작동하는가를 이해하는데 기여할 수 있다.

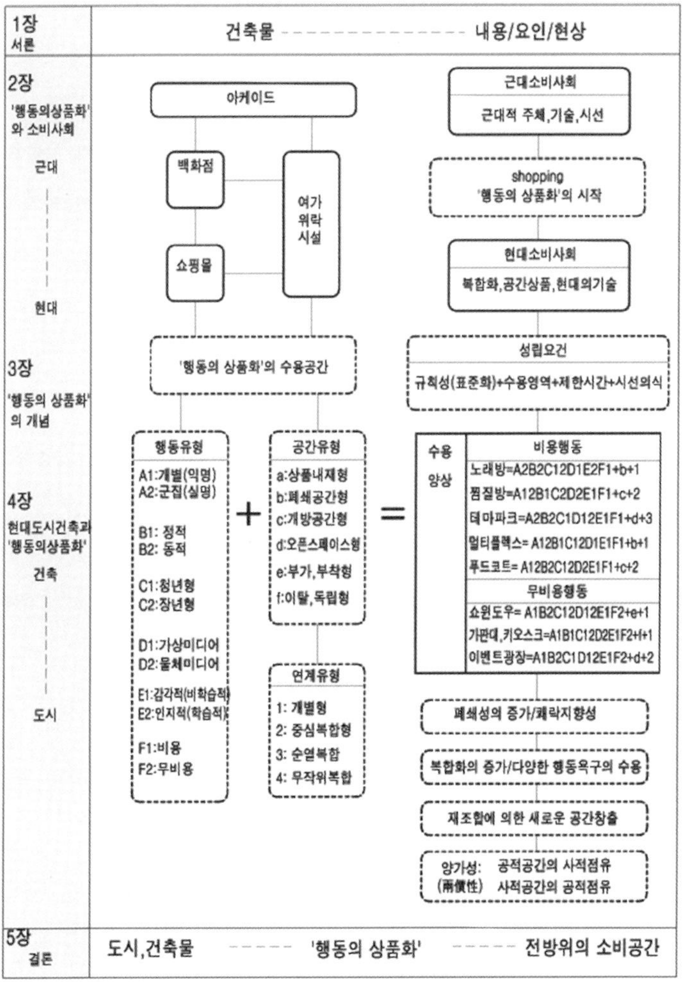

'행동의 상품화' 의 다이어그램

2) '행동의 상품화' 의 배경으로서 소비사회

- 근대소비사회와 근대적 주체

소비공간은 여러 가지 활동이 발생하는 공간적 실체이자 다양한 사회, 경제, 문화적 가치가 반영되는 사회적 공간이다. 이러한 소비공간은 전근대의 시대를 지나 근대에 접어들면서 거대자본의 탄생과 함께 본격적으로 형성된다. 자본들에 의한 시장구조의 변화는 생산자와 소비자의 완벽한 분리의 체계를 양산했다. 생산품으로서의 상품은 생산자의 노동을 철저하게 분리시킨 후 소비자에게 전달된다. 노동의 흔적을 읽을 수 없는 상품은 상품 자체만의 동일identity을 가져야 했다. 그리고 그것이 소비자에게 구매의 행동까지 이끌어지기 위해선 상품의 스펙터클spectacle, 즉 상품의 '기만적 외양' 이 필요했다. 그것이 바로 환등상[68]이다.

진열되어 있는 상품 : 노동의 흔적을 전혀 찾을 수 없다.

근대적 주체로서의 만보객은 소비사회를 통해 형성된다. 발터 벤야민은 환등상에 취해 비틀거리는 배회하는 소비자들에게 '만보객' 이라는 은유적 신분을 부여한다. 만보객은 환등상의 소비를 열망하며, 그리고 그 소비의 행동으로 쇼핑을 한다. 그렇기에 그들은 '느리게 걷는 행위' 를 통해서 최초로 행동의 상품화를 이끌어 낸 주체이다.

68) 환등상 : '상품의 기만적 외양', 마르크스, 자본론

쇼핑이 탄생한 최초의 소비공간으로의 아케이드

– 근대적 시선의 탄생

근대적시선은 환등상이라는 상품의 스펙터클spectacle 뿐만이 아니라 그러한 환등상 속에 존재하는 자신의 이미지까지 상품의 세상에 놓여짐을 인식하면서 성립된다. 이 점은 자신의 행동하는 이미지 자체를 의식하며, 그리고 그러한 시선을 욕망하는 나르시즘적 측면을 행동의 상품화는 의도하는데 이 점에서 근대적 시선의 형성은 매우 중요한 의미를 가진다.

– 소비공간의 복합화

소비공간들은 점차로 복합화되는 양상으로 나타난다. 후기자본주의의 시기에 이르면 문화 자체가 점차 상품화되어 소비된다. 여기에서 이미지, 양식, 재현들은 생산품에 부착된 선전용 부착물이 아니라 그 자체가 상품이다.[69] 그리고 이러한 부착물들은 문화라는 일종의 담론으로 묶여져 판매된다. 이러한 소비공간에 문화가 담기기 위해서는 다양한 일종의 문화행위들이 수용되어야 했는데 아케이드 같은 소비공간은 상품의 판매와 구매만을 위한 공간이 아닌 실제로 다양한 기능들 즉 상점, 카페, 금융시설, 오락시설 등을 모두 포함한 복합공간으로 점차 변화되었다.

---

69) 탈근대 소비문화공간의 구성전략 – 코엑스몰 사례를 중심으로. 서강대 신문방송학과 석논. 홍예진. 2002. p.14

소비공간 = 복합공간

이렇게 소비영역은 각종 다른 기능들과 접합하게 된다. 이러한 공간의 소비를 통한 자본의 공간전략은 본 고의 주제인 행동의 상품화를 촉발시키고 그곳에서 이윤을 획득하려는 것이다. 그러므로 공간의 소비란 행동의 상품화의 배경으로서의 공간 또한 그 자체로 상품화되어 소비됨을 말한다.[70)]

– 소비사회의 배경으로서 기술

부드러운 이동을 만들어 주는 대표적인 근대적 기술 : 에스컬레이터

근대의 기술을 통해 소비공간의 확장이 이루어지고, 다시 그러한 공간 확장을 경

70) 소비사회를 말함에 있어 르페브르는 '현사회를 어떻게 명명해야 할까?' 라는 소제목에서 현대사회를 '소비조작의 관료사회' 라 명명했다. 즉, 그것은 사람들이 주체적으로 소비행위를 하는 것이 아니라 누군가에 의해 소비의 방향이 유도된 채 소비하는 사회라는 뜻이다. 이후 보드리야르는 소비의 사회라는 간결한 단어로 독자들을 사로 잡았다. – 현대세계의 일상성, 기파랑, 앙리 르페브르, 2005, p.21

험한 현대인들은 일종의 감각적 욕구의 수용을 훈련받게 된다. 근대를 지나 현대에 접어 들면서 새로운 현대의 기술은 인간의 행동습속을 장악함으로써 욕망구조를 바꿔 놓는다. 본 연구는 소비공간의 확장의 측면으로 근대의 기술을, 이후 행동습속의 장악의 측면으로 현대의 기술을 언급한다.

① 근대의 기술

근대의 기술은 근대 소비사회를 촉발시킨 하부구조로서 기능하며, 대표적 양상으로 인공조명, 공조, 에스컬레이터가 있다. 인공조명은 그 상품과 그것에 깔리는 분위기aura를 제공하는 가장 중요한 도구이며, 자연채광의 차단을 가능케 함으로써 외부와는 전혀 상관없는 내외의 완벽한 단절을 가능케 한다.

인공조명과 더불어 소비공간을 결정적으로 확장시킨 기술이 있는데 그것이 바로 공조airconditioning이다. 공조는 상업공간의 깊이의 제한을 없애며 내부의 용적을 증가시킨다.

근대의 세 번째 기술인 에스컬레이터는 층간의 경계를 없애면서 동시에 부드러운smooth 이동을 제공한다. 이렇게 근대의 소비공간에 적용된 3가지 요소, 인공조명, 공조, 에스컬레이터는 소비공간의 확장을 확장시키며, 또한 근대적 시선을 가지게 된 만보객들은 그들의 욕구행동을 수용하기 위해 다양한 소비공간으로 들어가게 되며, 그곳에서 '행동의 상품화'를 구매하게 된다.

② 현대의 기술

다중작업에 동시에 노출되는 현대인의 두뇌 : 멀티테스킹

근대의 기술이 인공조명, 공조, 에스컬레이터였다면 '행동의 상품화' 단계에서 나타나는 소비공간에는 네트워킹과 멀티테스킹으로 대표되는 신기술이 존재하며, 이러한 신기술에 의한 생활환경의 변화는 소비주체로서의 현대의 만보객들에게 새로운 욕망을 자극하는 바탕이 된다. 네트워킹을 통하여 현대인들은 정보와 지식의 교류를 통한 경험의 폭이 확대된다. 또한, 물리적 연계가 없이도 폐소공포를 극복할 수 있게 된다. 또한, 멀티테스킹은 현대인에게 보다 많은 행동의 동시적 수용을 훈련시키며 이후 습속으로 정착된다. 이후 현대인은 그러한 행동패턴을 욕망하게 되며, 그것은 행동의 복합화의 양상으로 전개된다.

3) '행동의 상품화' 의 구성

– '행동의 상품화' 의 개념

구 분	상행위 주체		상행위 장소
일반상품	구매자	판매자	시장 등의 상업공간
행동의 상품화	특정 행동욕구를 가지는자	행동의 수용공간 제공자	행동의 상품화를 수용하는 공간

일반상품과 '행동의 상품화' 의 비교

행동의 상품화란 특정한 물건의 교환이 아닌 '특정한 인간의 행동을 판매 및 구매하는 일체의 상행위' 다. 또한, 행동의 상품화는 그 상품화된 행동을 소비할 수 있는 수용공간이 필요하게 되며 그러한 행동의 다양성 만큼이나 현재의 도시 내에는 그 행동을 수용할 수 있는 많은 수용공간이 존재한다.

행동의 상품화 또한, 상품화과정commodification이 존재한다. 그것은 특정한 행동욕구를 가진 자가 특정 행동을 소비하기 위해 수용하는 공간에 들어 왔을 때 철저히 개인성이 이탈되어 행동소비만을 위한 구매자로서만 자격을 얻게 되며,

행동의 수용공간 또한 특정 행동만을 위한 공간으로만 역할을 수행하게 된다.

– '행동의 상품화' 의 성립요건

① 규칙성(표준화)

행동의 상품화는 일정한 규칙성을 필요로 한다. 이건 마치 게임의 룰rule과 같다. 규칙성은 기 선정된 규칙에 따라 행동할수 있는 환경을 조성한다는 의미이다.

소비자는 기 선정된 규칙 안에서 만들어진 행동장치를 통해 상품화된 행동을 소비한다. 또한, 이 규칙성은 개인성이 이탈되어 행동만을 위한 구매자로서만 자격이 주어지는 익명의 군중들이 모이는 곳이기 때문에 철저히 지켜야 하는 사회적 약속이기도 하다.

규칙성은 일종의 사회적 룰이며 표준화된 행동을 촉발시킨다.
: 수영장에서는 수영복을 입어야 한다.

이러한 내재하는 규칙으로서의 룰rule은 행동의 표준화를 만들어 낸다. 표준화의 의미는 일정한 행동의 상품화가 일어난 행동은 때와 장소에 무관하게 소비자들에게 동일한 수준의 욕구와 기대를 충족시켜 주어야 한다는 의미이다.

② 수용영역

행동의 상품화는 행동을 수용하는 수용영역을 필요로 한다. 소비자는 상품화된 행동을 소비하기 위해 일정한 영역 안으로 입장하게 되며, 그러한 입장의 댓가로

비용을 지불하게 된다. 이 영역성은 행동의 성격과 행동의 경제적 원인에 따라 크기와 경계가 결정된다.

③시간의 제한

행동의 상품화는 소비되는 일정한 시간을 필요로 하며, 시간을 단위로 그것에 해당하는 시간의 량 만큼에 대한 댓가를 요구한다. 무제한적인 행동의 용인은 당연하게도 상품화가 될 수 없기 때문이다. 또한, 시간성의 측면에서 여가의 시간이 강조되는데 '행동의 상품화'는 대부분 노동시간과 대비한 여가시간에서 이루어지기 때문이다. 이렇게 여가의 시간을 절취하여 특정한 행동을 상품화시켜 소비하게 하고 비용을 청구하는 것이 '행동의 상품화'인 것이다.

④시선의 의식

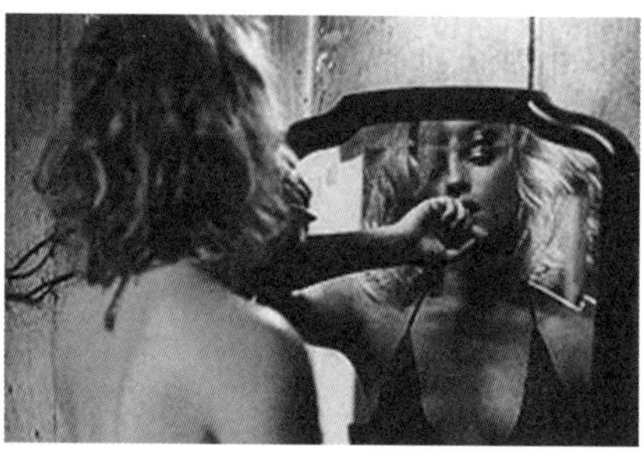

시선의 의식 : 자신의 이미지를 향한 타인의 시선을 욕망하다.

행동의 상품화는 시선을 의식하며 시선을 욕망한다. 이러한 시선을 설명하려면 보는 '나'는 동시에 타자의 보임의 대상에 놓여 있는 것이라는 라캉의 응시에 대한 견해가 필요하다.[71] 시선을 의식함은 곧 내가 한 행동이 타인에게 의식됨을 느

71) 라캉의 이론적 특성에 의하면 주체는 시각적 영역의 중심이 있지도 않고, 그 시각적 영역을 통과하는 시선을 통제할 수도 없다. 즉, 보는 '나'는 동시에 타자의 보임의 대상에 놓여 있는 것이다. 이러한 잠재적이고 집합적인 타자의 시선을 라캉은 '응시'라고 정의한다. - 김성홍. 건축과 관객. 소비문화와 상점건축. 1994.

끼는 것이다. 이러한 시선의 의식을 통해 소비자는 자신의 행동을 바라보는 타인의 시선을 욕망하는 단계에 이른다. 그럼으로써 행동하는 소비자는 시선적 위상에서 상품과 동일하게 된다.

– '행동의 상품화'의 구성요소

행동의 상품화는 상품화되는 행동유형과 상품화되는 행동을 수용하는 공간유형, 그리고 수용공간의 연계유형으로 설명할 수 있다. 즉, 특정한 성질과 주체를 가지는 행동들이 특정 공간의 유형에서 수용된다는 것이며, 그것은 다시 특정한 연계양상을 가지고 복합되거나, 개별적으로 존재하게 된다. 또한, 이것을 [행동의 상품화 = 상품화되는 행동유형 + 수용되는 공간유형+수용공간의 연계유형]으로 기호화시켜 표현을 하면 각 기준과 항목을 풀어 설명하는 것보다 효율적이다.[72]

– 상품화되는 행동의 유형

본 고에서는 상품화되는 행동의 유형은 행동의 성격과 행동의 주체, 비용의 지불 여부에 따라 분류한다. 정리하면 다음 페이지의 표와 같다.[73]

---

72) 본 고의 기호화에 따른 지침은 [건축용도의 복합방식의 연구 – 차재용. 서울대 석논. 2006.]의 방법적 툴을 사용하였다. – 필자 주

73) 필자의 행동의 분류는 행동의 성격 및 주체와 미디어, 비용에 관한 범주에 국한되므로 추후의 연구에서 좀더 보완됨을 기대한다. 또한, 현대의 생태심리학은 행동장치의 개념과 함께 고정행동 패턴을 정의하게 되는 것은 5가지의 패턴으로 분류하는데 다음과 같다.

· 명백한 감정적 행동overt emotional behavior
· 문제해결행동problem-solving behavior
· 순수한 운동충격행위gross motor activity
· 대인관계의 상호작용interpersonal interaction
· 물체의 조작manipulation of object.

– 본 고에서의 행동유형 범주 중의 A 개별/익명의 범주는 대인관계의 상호작용에 해당되며, B 정적/동적의 범주는 순수한 운동충격행위, 그리고 C 가상미디어, 물체미디어의 측면은 물체의 조작에 해당된다.
– 필자 주, [건축이론의 창조]. jon lang 저. 조철희, 김경준 역. 1996. 도서출판 국제. 재인용. p.77

기 준			항 목	설 명	사 례
상품화 되는 행동의 성격	A	1	개별(익명)형	개별적(익명적)으로 이루어지는 행동	도박, 성매매, 게임장
		2	군집(실명)형	군집을 이루어 하는 행동	노래방, 찜질방
	B	1	정적	정적행동	찜질방, 영화관람
		2	동적	동적행동. 신체를 이용하는 행동	휘트니스센터
	C	1	가상미디어	가상미디어에 의한 행동	비디오방
		2	물체미디어	물체미디어에 의한 행동	휘트니스센터
	D	1	감각적 (비학습형)	감각적 행동으로서 학습이 필요없는 행동 난이도가 낮다.	찜질방/쇼핑
		2	인지적 (학습형)	인지능력을 요구하는 학습이 필요한 행동 난이도가 높다.	노래방
행동의 소비주체	E	1	청년형	청년 이하의 층에서의 행동	게임방
		2	장년형	장년 이상의 층에서의 행동	찜질방
비용의 지불여부	F	1	비용	비용을 지불하는 행동	각종 위락시설
		2	무비용	비용을 지불하지 않는 행동	체험상품, 쇼핑

상품화되는 행동의 유형

① 기준 A : 행동의 주체의 익명/실명에 관한 분류

상품화되는 행동은 익명성 또는 실명성을 가진다. 즉, 익명적으로 이루어지는 개별적 행동이 있고, 또한 군집을 지어서 행동하는 군집형 행동이 그것이다.

② 기준 B : 행동의 정/동에 관한 분류

상품화되는 행동에는 신체근육의 움직임을 사용하지 않는 정적인 행동이 있는 반면 신체근육의 움직임을 통해 동작을 만들어 내는 동적 행동이 있다.

③ 기준 C : 미디어의 종류에 따른 분류에 관한 분류

오락실 : 익명적, 정적, 가상미디어, 감각적, 청년기, 비용행동

상품화되는 행동은 미디어media를 필요로 한다. 미디어는 행동을 발생시키는 행동장치이다. 미디어의 종류에 따라 행동을 분류할 수 있는데, 본 고에서는 전자장치에 의해 실물성實物性이 대체되는 가상미디어와 실제의 실물성을 가지는 물체미디어로 분류한다.

④ 기준 D : 행동에 대한 학습에 관한 분류

상품화되는 행동은 학습여부에 따라서도 구분할 수 있다. 감각적인 행동은 별도의 학습이 필요없이 바로 행동장치를 이용할 수 있는 유형이며, 인지적 행동은 행동장치의 습득을 위해선 반복적인 학습이 필요한 유형이라 볼 수 있다.

⑤ 기준 E : 행동 주체의 나이에 관한 분류

행동의 상품화는 행동 주체별로 다른 행동유형을 생산, 제공한다. 청년기 이하에서 주로 소비되어지는 행동유형이 있고, 장년기 이상에서 소비되어지는 행동유형이 있다.

⑥ 기준 F : 비용의 지불여부에 따른 분류

비용의 행동은 비용을 지불해야 행동할 수 있는 권리를 획득하는 상품이다. 반면 무비용의 행동은 비용을 지불하지 않아도 행동을 할 수 있는 권리를 획득하는 상품이다. 따라서 가치의 측정을 시간을 가지고 할 수 없기 때문에 제한된 시간이 없는 행동이라고도 해석될 수도 있으나, 자본의 입장에서 보면 현대인들의 여가소비시간을 절취하여 전유專有하는 행동이므로 다른 의미에서 시간성이 존재하는 것이다. 주로 무비용의 행동은 자본에 의한 숨겨진 광고의 형태로 제공되며 해당 상품에 관한 선전효과를 의도하게 된다.

- 공간유형과 연계유형

행동유형과 결합하는 공간유형은 스케일별, 형태별로 구분될 수 있다. 이러한 각각의 공간들은 행동장치, 즉 장소와 행위의 안정된 조합으로 기능하게 되며, 이러한 각각의 공간유형들은 다시 공간의 연계유형으로 묶여져 일정한 고정 행동패턴을 만들어 낸다. 공간유형은 다음과 같다.

a 상품내재형

일반상품 내에 행동이 포함되어 있는 경우이다. 즉, 상품을 소비하는 과정에서 행동을 필요로하는 유형이며, 이 유형은 자연스럽게 물건으로서의 상품 자체만의 소비만이 아닌 그 안에 담긴 행동 또한 소비하는 것이 된다. 소비자 또한, 물건상품과 그것에 부착된 행동까지를 일괄 구매하게 된다. 한국 야쿠르트의 비요뜨[74] 라는 제품은 씨리얼을 요구르트에 섞기 위해 꺾는 행동이 들어가 있는데 그러한 꺾는 행동 자체가 제품에 포함되어 상품화된다.

공간유형 : 상품내재형 – '비요뜨'

b 폐쇄공간형, c 개방공간형, d 오픈스페이스형

폐쇄공간형은 공간 중심에 대한 외부에 대하여 완전한 구획을 가지고 있는 경우이다. 출입과 동시에 타인의 시선과 접근을 차단하는 강한 환경적 보호막을 가지는 공간으로써 개인적 공간의 욕구의 충족을 제공하는 공간유형이다. 강한 영역

74) 한국야쿠르트의 토핑요구르트. 1994년 출시

성의 구축을 통해 프라이버시 획득을 의도하는 행동유형과 결합될 가능성이 높다. 개방공간형은 공간 중심에 대한 외부에 대해 느슨한 구획을 가지는 공간의 유형이다. 이 유형은 다양한 시선과 행동의 소통을 가능케 하는 유형인데 외부와 내부의 구분을 느슨하게 하며, 타자의 응시를 수용하는 공간이다. 오픈스페이스형은 영역성을 가지는 경계면이 그 자체의 공간적 성격으로 이루어지지 않고, 다른 공간요소들이 만들어 내는 부(−)의 공간의 형태로 존재하는 유형이다. 이 유형은 공간 중심에서의 내외의 구별은 폐지되며 중심과 주변의 설정만이 유효하다.

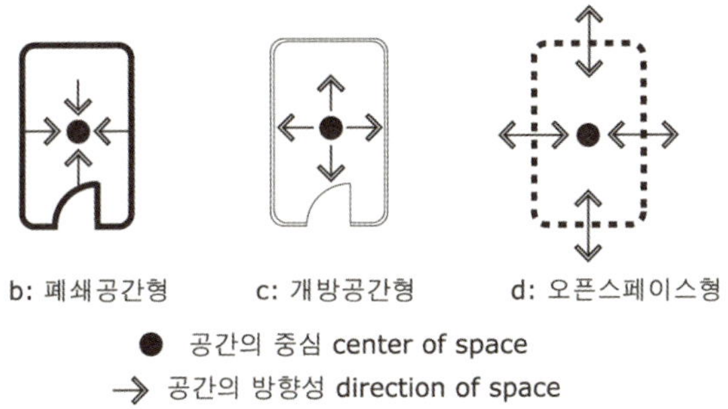

공간유형 : 폐쇄공간형, 개방공간형, 오픈스페이스형

e 부가, 부착형

특정 물건으로서의 구조물이 존재하고, 그곳에 부가적으로 부착되어 점유하는 공간유형이다. 이 유형은 모체의 기능에 일방적으로 기여하는 유형과 공생symbiosis 관계를 유지하는 유형으로 구분해서 해석할 수 있다. 전자의 예로는 쇼윈도우를 들 수 있고, 후자는 지하철 전동차의 내부광고 같은 경우라 할 수 있다.

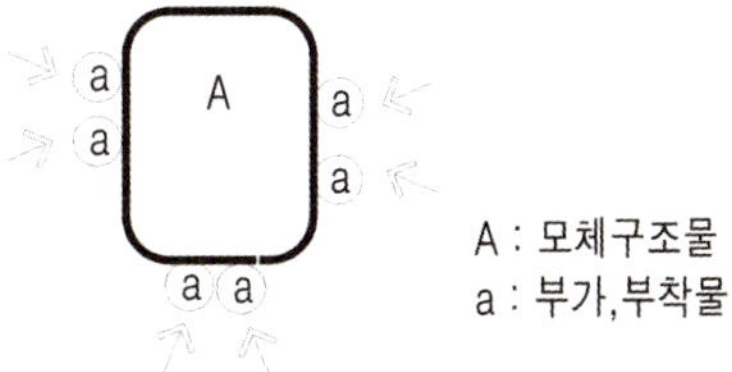

공간유형 : 부가, 부착형

f 이탈, 독립형

부가, 부착형과는 달리 경계면에서 완전히 독립하거나 모체와 상관없이 자체의 구조물을 가지고 독립적으로 존재하는 유형이다. 기타 b, c 유형과는 공간형태가 키오스크 형태같이 점적으로 존재하는 측면에서 다르다.

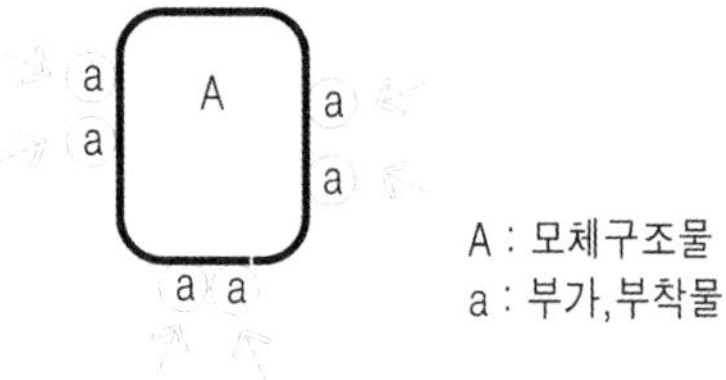

공간유형 : 이탈, 독립형

행동의 상품화를 수용하는 공간의 연계는 각각의 단위공간들이 연계가 되면서 서로의 관계를 가지며, 하나의 의도하는 목적을 달성하기 위해서 각각의 성격이 다른 행위들을 수용하는 공간들을 재조직하게 된다. 본 고에서는 행동의 영향관계가 없이 개별적, 단속적으로 이루어지는 개별형과 복합되어 나타나는 복합형으로 구분하고, 복합형을 중심공간이 있고, 그것에 의해 연계가 이루어지는 중심복합형과 중심공간이 없이 일정한 순서에 따라 순서적으로 복합하는 순열복합형으로 구분한다.

• 1 개별형

개별형은 각각의 공간영역들이 서로 강한 영역성을 가지면서 나타나는 유형으로서 각각의 공간은 영향관계상 무관한 유형이다. 이 공간들은 하나의 단위공간화되어 나타나게 되는 경우가 많은데 일정한 고정패턴을 가진 단위 행동유형이 서로간의 연계없이 단속적으로 나타나게 되는 연계유형이다. 행동유형상 프라이버시가 중요한 유형과 결합될 가능성이 높다.

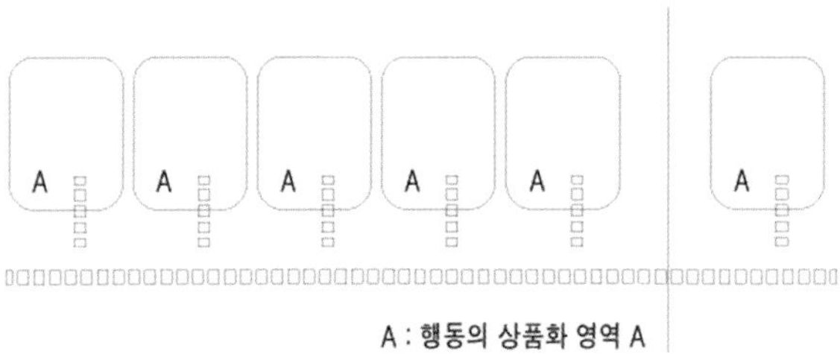

연계유형 : 개별형

• 2 중심복합형

중심복합형은 몇개의 개별공간들이 묶여져 하나의 행동체계를 제공하게 되는 연계의 방법이다. 중심복합형은 이러한 개별공간의 위계가 있어 특정 중심공간이 있고, 그 공간을 중심으로 다른 개별공간들이 연계되는 유형이다. 이 유형의 중심공간은 개방적인 공간으로서 다수, 다양한 공간들과 연계를 이루게 된다.

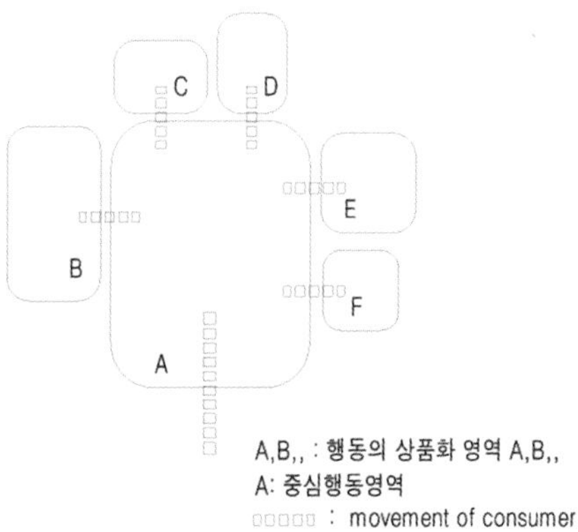

연계유형 : 중심복합형

• 3 순열복합형

순열복합은 각각의 단위공간들이 특정한 중심공간이 없이 정해진 순서대로 연계되어지는 유형이다. 이를 통해 이용자들은 각각의 다른 행동영역들을 통과하면서 제공된 행동장치들을 순차적으로 소비하게 된다. 일반적으로 일련의 행동영역을 연계시키면서 '묶어주게 되는' 주제, 즉 테마theme가 있는 경우가 많다. 흔히 여행사에서 0일짜리 패키지 상품을 개발하여 판매하는 경우 일련의 장소별로 행동들을 묶을 수 있는 주제가 될 수 있는 것이다. 물론, 소비자들에 의한 선택적 연계도 가능하다.

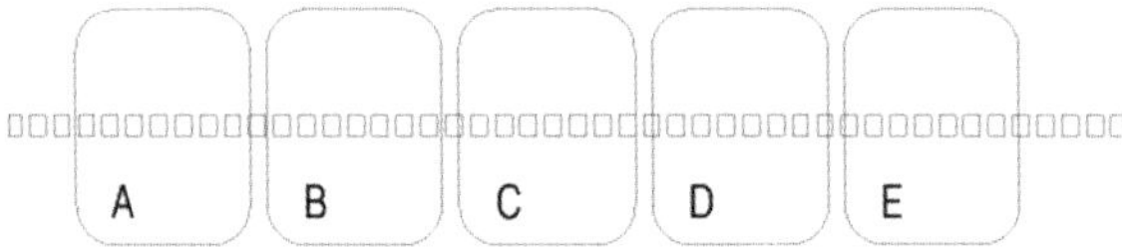

A,B,, : 행동의 상품화 영역 A,B,,

□□□□□ : movement of consumer

연계유형 : 순열복합형

4) 현대도시건축과 '행동의 상품화'

본 절은 행동의 상품화가 실제의 도시건축시설에서 어떻게 수용되고 있는지를 살펴 본다. 어떠한 행동의 유형이 어떤 성격을 가지는 공간과 결합하고, 또한 그 공간들의 연계가 어떤 방식으로 이루어지고 있는지 파악한다.

또한, 무비용의 행동과 비용의 행동을 구분하고자 한다. 행동의 유형 중에서 무비용의 행동은 광고나 사전체험들을 통해 자본의 은유적인 행동의 상품화가 이루어지는 영역이므로 직접적인 행동의 상품화가 이루어지는 비용의 행동과는 구분될 필요가 있다. 그럼으로서 자본의 내재적 접근의 양상을 살펴 보는데 집중할 수 있다.

– 노래방 = A2B2C12D1E2F1 + b + 1

노래방의 이용행태를 살펴 보면, 개인보다는 **군집적 성향 : A2**가 강하다 볼 수 있는데, 그것은 노래방의 이용상 마이크를 잡고 노래를 부르는 일종의 퍼포먼스적 성향이 강하기 때문에 '관중'을 필요로 하기 때문이라고 볼 수 있다. 또한, 노래를 부르는 행위는 신체를 사용하는 **동적 : B2**인 행위이며, **청, 장년 : C12**이 모두 이용하고 있는 시설이다. 또한, 노래방기기라는 일종의 **가상미디어 : D1**를 사용하여 음원으로서의 배경을 제공받고 그 안의 가사를 채워 나가는 행동이므로 **인지적(학습적) : E2** 행동이라고 볼 수 있다.

각각의 이러한 행동들은 방음 및 차음의 성능이 요구되는 **폐쇄공간 : b**와 결합하며, 각각의 공간단위에서 일어나는 어떠한 행동들에 대해서 일체의 프라이버시를 보호받는 **개별형 연계 : 1**의 형태를 가지고 있다.

노래방에서 일어나는 행동의 상품화를 성립요건의 측면에서 살펴 보면, 마이크를 잡고 노래방기기에 맞추어 노래를 하다' 라는 일종의 행동단위가 **표준화**되어 있다. 또한, **수용영역으로서의 폐쇄공간**이 있으며, 입장과 함께 시간별 구매를 하기 때문에 **제한된 시간**이 있으며, 노래하는 주체는 자신의 노래구현에 대해서 타인의 시선 즉, 응시를 의식하면서 수행하므로 **시선의 의식** 또한 이루어진다.

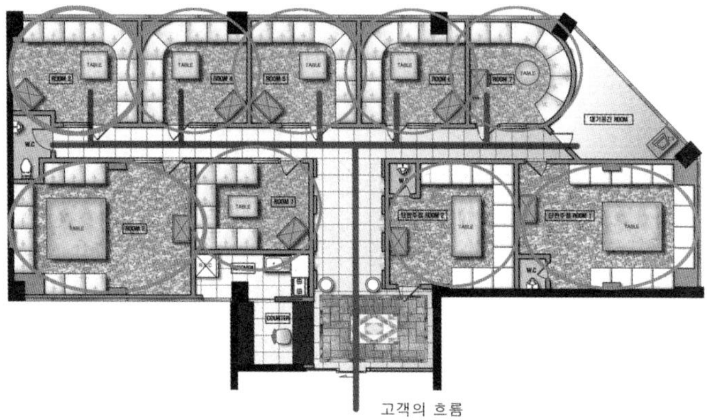

개별적 폐쇄공간으로의 노래방

– 멀티플렉스 = A12B1C12D1E1F1 + b + 1

멀티플렉스는 영화관이 가지고 있는 탁월한 영상적 비교우위를 그대로 수용하면서도 기존의 단일관이 가지고 있던 대기시간과 선택의 폭을 넓혀 줌으로써 단점을 보완한 기획 공간상품이다.

상영관은 철저하게 **폐쇄적인 공간구성 : b**를 보인다. 각각의 상영관은 철저한 방음과 차음, 방화를 충족시켜야 하며, 독립적인 영화를 상영하므로 연계가 불가능하다. 그러므로 **개별적 : 1**이다. 많은 **익명 또는 실명의 관객들 A12**가 한 곳에 모이기 때문에 피난의 역할은 어느 곳보다도 중요하다. 또한, 영화를 관람하는 행동은 1인당 $1m^2$ 내에서 수용되는 **정적인 행동 : B1**이며, **청, 장년들 모두 : C12**를 소비대상으로 하며, 영상이라는 **가상미디어 : D1**을 사용한다. 별다른 교육과 학습이 필요없이 무차별적인 영상자극에 노출되는 **감각적 행동 : E1**이다. 상영관을 퇴장하면 다시 복합상업시설을 통해 나오게 되는데 쇼핑행동의 제공과 광고들을 접하게 되는 것은 무비용행동의 상품화이다.

영화관람이라는 행동은 매표와 대기, 그리고 지정석에의 관람 등의 순서로 이루어지는 **행동의 표준화**가 있다. 또한, 제한된 수용영역이 1인당 1개의 의자와 상영관이라는 **수용영역이 존재하**며, 1편의 상영시간이라는 **철저한 시간의 제한**이 있으며, 상영 중에는 타인의 시선의 교환이 거의 이루어지지 않으나 상영 전 영역에서의 대기 및 사전체험행위 등을 통해 타인의 시선을 군중으로서 인식하게 되는 **시선의 의식이 존재**한다.

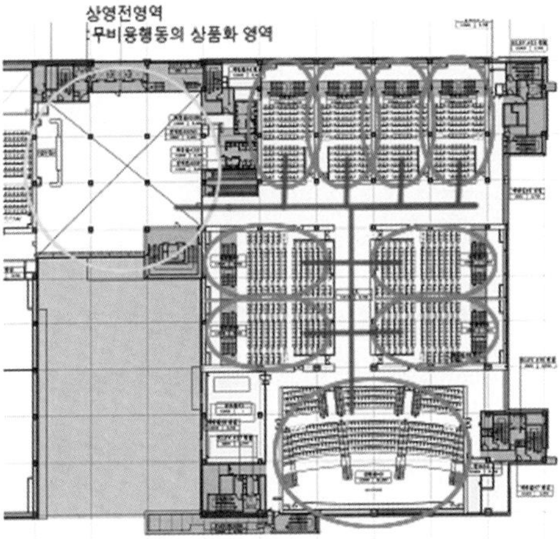

상영영역과 상영 전 영역의 복합공간 : 멀티플렉스

– 푸드코트 = A12B2C12D2E1F1 + c + 2

푸드코트는 여러 개의 음식점들이 모여 하나의 개방된 식음공간을 공유하면서 다양한 메뉴와 음식의 쇼핑을 가능케 한다. 또한, 점포의 형태와 크기, 그리고 식기, 식판까지 내려오는 기물의 표준화를 통해 공동수거와 공동관리, 공동운영을 가능케 한 기획공간이다.

주문 카운터를 지나 입장하게 되는 중심식음공간은 많은 종류의 음식을 군중과 함께 소비하는 음식소비의 광장이다. 그곳은 **익명의 또는 실명의 소비**

자 : A12들이 이용한다. 이 공간은 음식을 섭취하면서, 주문 메뉴를 가지고 이동하면서, 소비하는 비교적 **동적인 공간 : B2**이다. 또한, **청년과 장년 : C12** 모두가 이용하며, 음식이라는 **물체미디어 : D2**를 사용한다. 학습이 불필요한 지극히 **감각적 행동 : E1**이다. 공간적으로는 **개방형 공간 : c**를 통해 타인의 시선의 교차와 확인을 가능케 하며, 중심식음공간을 통해 단위매장들이 연계되는 **중심복합형 연계 : 2**를 가진다.

식음공간에 들어와서 음식소비 행동을 하게 되기까지는 비용이 지불된다. 소비자 행동과정에는 메뉴를 선택하고, 입장하여 정해진 식기를 사용하여 퇴식하는 이러한 일련의 절차상과 내용상의 **행동의 표준화**가 존재한다. **수용영역으로서 중심식음공간**이 있으며, 음식섭취에 대한 시간이 비교적 제한적이지는 않으나 **무제한적인 시간의 용인은 아니다.** 또한, 중심식음공간 내에서 소비행위를 하는 타인의 행동을 시선을 통해 인식하면서 소비욕구를 자극받게 되므로 **시선의 의식** 또한 존재한다.

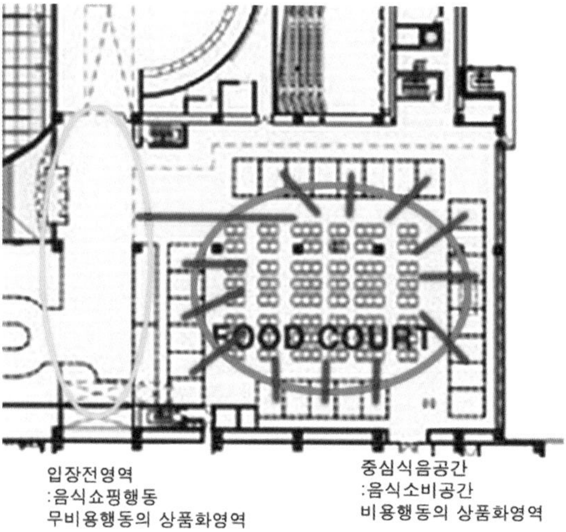

중심복합 연계를 가지는 푸드코트

군중과 함께하는 음식소비의 광장으로의 푸드코트

- 테마파크(theme park) = A2B2C1D12E1F1 + d + 3

테마파크는 **개별적으로 가지 않는 곳 : A2**이다. 이곳의 군중은 군집하여 그룹을 지어서 오기 때문이다. 그렇기 때문에 군집된 군중의 시선이 존재하며, 입장객은 그 시선을 의식하게 된다. 테마파크 안에는 많은 **물체 및 가상미디어 : D12**들이 있고, 이러한 미디어를 사용하는 행동장치에 의해 표준화된 행동이 담기며, 그것을 이용함으로써 휴식과 위락을 제공받는다. 주로 **청년형의 시설 : C12**이며, **동적행동 : B2**가 담긴다. 또한, 학습이 필요없이 위락시설에 신체를 탑승하면서 이루어지는 행동이므로 **감각적(비학습적) : E1** 행동이다.

테마파크는 **실외나 실내의 오픈스페이스 : d**에서 이루어지며, 또한 일정한 행동의 개별단위들이 중심적 매체를 통해 연계되지 않고, 순차별로 **순열식으로 복합 : 3**되어 있다. 행동의 순열은 전적으로 소비자의 선택에 의해 이루어지는 일종의 뷔페식단과 같다.

또한, 각각의 놀이기구와 같은 행동장치들에 의해 **행동이 표준화**되어 있고, 한 번 이용하는 단위로 구매하는 **제한된 기회(시간)**가 있으며, 행동장치가 가지는 고유한 **수용영역**이 있다. 또한, 같은 행동장치를 사용하는 사람들에 의한 **집단의 시선을 인식**하는 곳이기도 하다.

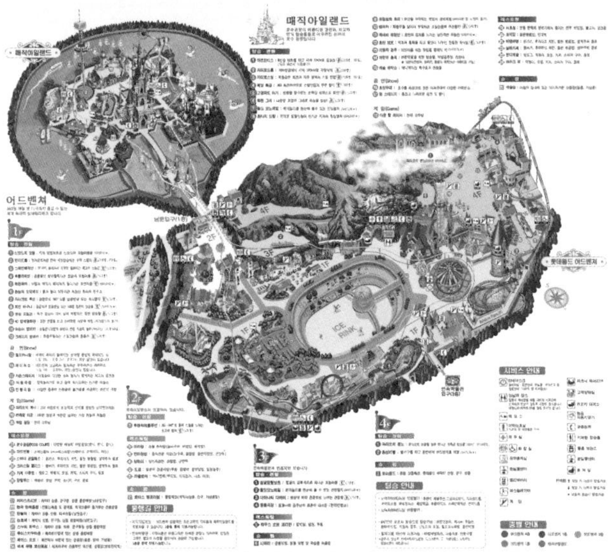

일련의 행동장치들에 의해 상품화되는 테마파크 – 롯데월드

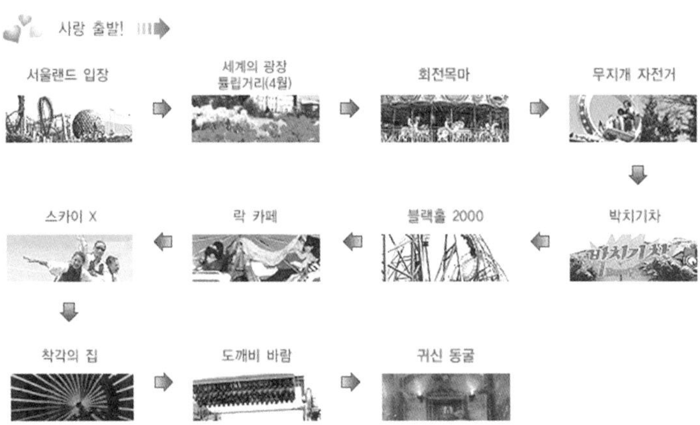

순열형 연계를 가지는 테마파크의 행동

– 쇼윈도우 = A1B2C12D12E1F1 + e + 1

쇼윈도우는 상점의 얼굴이다. 쇼윈도우는 그 상점에서 취급하고 있는 상품을 알려 주는 정보전달의 창일 뿐만 아니라 그 상점의 품격과 분위기, 총체적으로 그 상점이 지닌 문화를 가장 짧은 시간에 상대방에게 전달하는 얼굴이다.[75)]

이중의 시선을 갖는 쇼윈도우

쇼윈도우를 통해 촉발되는 행동인 쇼핑은 지극히 **개별적 행동유형 : A1**이다. 소비를 완성하는 구매의 순간은 오로지 개별적이다. 또한, 동적인 **움직임 : B2**가 필요하며 **청, 장년 모두 : C12** 쇼핑행동을 통해 그들의 구매욕을 자극받는다. 또한, **쇼윈도우라고 하는 물체적 미디어 : D2**에 의해 이루어지는 행동이다. 또한, 쇼핑은 빠르게 소비자에게 접근해야 하는 행동유형이므로 **비학습적 : E1**이다. 공간유형상 쇼윈도우는 특정 공간단위에 **부착 : e**가 되는 유형이며, 쇼윈도우 하나 하나는 연계유형상 공간적 연계가 희박한 **개별형연계 : 1**로 볼 수있다.

또한, **행동의 표준화**가 단지 전시물의 전시행동을 관람하는 것만이 허락되며, 물리적 구조물로서 **수용영역**이 존재하며, 무비용의 행동상품이므로 **시간의 전유가 내재(제한시간)**되어 있다.

이러한 쇼윈도우는 특히 **시선의식**적 측면에서 고려될 필요가 있는데 쇼윈도

75) [특집] 경관과 조망 – 공공의 쇼윈도와 사유의 쇼윈도 이인성. 대한건축학회. 건축지. 2004년 2월

우의 유리면은 내부를 투과하고 외부를 비추어 내부와 외부를 동시에 인식하는 표면을 형성시킨다. 따라서 **쇼윈도우는 상품의 이미지와 외부풍경 속의 관찰자를 중첩시켜 시선만으로 상품을 소유하는 환상을 충족**시킨다.

'진열된' 행동을 가능케 하는 쇼윈도우와 그것을 소비하는 현대인

– 가판대(街販隊, 키오스크) = A1B1C12D2E2 + f + 1

가판대는 거리에서 이루어지는 무비용의 행동상품화의 한 수용형태이다. 거리에서 행해지는 호객행위나 핸드폰 시연 등의 사전 체험행사 등은 **익명 : A1**을 상대하며, 공중의 거리에서 이루어지므로 동작의 제한이 있으므로 **정적 : B1**이며, **연령을 구분하지 않는다 : C12**. 또한, 키오스크 구조물이라는 **물체미디어 : D2**를 사용한다.

공간유형상 가판대는 모체구조물의 존재여부와 무관하게 점적으로 존재하는 **이탈, 독립형 : f**이며, 연계가능성이 낮은 **개별형 : 1**이라고 볼 수 있다.

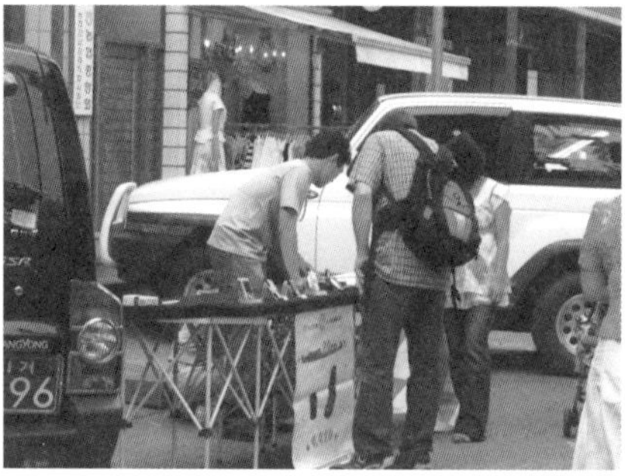

이탈, 독립형의 가판대, 키오스크

자동차를 이용한 일시적 공간점유 - 무비용행동의 상품화

행동의 시연이나 관촉의 행위 또한, **소비자의 참여행위가 상품에 내재되고 있으며(행동의 표준화)**, **수용영역**으로의 가판대가 존재하며, **내재하는 시간의 전유(제한시간)**와 **군중으로서의 시선을 의식**한다.

- 이벤트광장 = A1B2C1D12E2 + d + 2

복합쇼핑몰의 이벤트광장에서 **익명의 군중 : A1**들은 한번 모여졌다가 흩어지는 일회적인 의미가 강하다. 또한, 이루어지는 이벤트라는 행동이 **정적인 것과 동적인 것을 포괄 : B12**할 수 있으며, **연령별 구분이 없다 : C12**. 또한, 미디어의 수용

군중을 의식하는 이벤트광장 - 아이파크몰 중앙광장

에 있어서 **가상 및 물체미디어 모두의 사용 D12**가 가능하다. 그러므로 수용되는 이벤트의 종류에 따라서 다양한 행동장치를 제공이 가능한 시설이다.

공간유형상 이벤트광장은 **오픈스페이스형 : d**이며, 다양한 수용영역들이 이 공간을 중심으로 연계되므로 연계유형상 **중심복합 : 2**이다.

또한, **이벤트행위 자체에 내재하는 행동의 표준화**가 존재하고, **수용영역이 광장으로 한정**되며, 시간에서의 **내재적 전유(제한시간)**가 있다. 또한, 익명들로 모여진 군중들의 **시선이 의식**되는 장소이기도 하다.

5) 행동의 상품화의 도시건축적 의의

도시공간에서 이루어지는 행동의 상품화의 수용양상에 의해 도시를 네가지의 관점으로 바라볼 수 있다. 첫째는 폐쇄성의 증가, 둘째는 복합화의 증가, 세째는 재조합에 의한 새로운 공간 창출의 가능성, 마지막으로 공적 공간과 사적 공간의 모호한 경계적 성격으로의 양가성兩價性을 들 수 있다. 마지막 경향은 무비용의 행동의 상품화에서 나타난다.

- 폐쇄성의 증가

비용행동을 수용하는 시설들은 보다 강한 오감五感의 자극을 통한 쾌락을 추구하는 공간으로 변하고 있다. 이러한 자극을 수용하기 위해서는 외부와는 철저한 단절을 통한 집중적 체감의 공간을 요구하며, 이러한 외부와의 단절을 기본으로 하면서 나타나는 현대도시가 가지는 내향적 지향의 건축양상을 베니스 비엔날레 '방의 도시' 에서 '방' 이라는 개념으로 설명하고 있다.

이러한 방들은 이른바 '근린생활시설' 이라는 건물 안으로 수용되어 하나의 임대단위unit가 되어 자리잡는다. 이러한 개별적 폐쇄공간들은 자신의 자체적인 동일성identity을 건축적으로 가지기 힘들게 되며, 따라서 건축물과의 부착물로서의 싸인sign, 즉 간판이 도입되는 이유이기도 하다. 그런데 간판은 전혀 지역적이지 않다. 그렇기에 존재하는 장소와는 지극히 무관한 형태로 나타나며, 이러한 간판으로 둘러싸인 도시의 표정은 어느 장소를 가나 천편일률적인 경관을 창출하게 된다.

간판이 장악한 현대의 도시

또한, 폐쇄성의 증가현상은 현대의 기술에 힘입은 바 크다. 바로 그것은 '네트워킹' 이다. 인터넷에 의한 네트워킹의 기술은 어느 곳, 어느 장소를 불문하고 자아를 확산, 전파, 교류를 가능하게 한다. 사람들은 '어느 이름 모를 피씨방 어느 한 구석에서 세계를 모으는 것' 이 가능하게 된 것이다. 이러한 네트워킹 기술에 의해 사람들은 폐쇄공포증을 벗어나게 되며, 오히려 실제 세계와 대립하는 사이버 세계를 구축하기 위해 폐쇄공간으로 들어가는 욕구를 지향하게 되었다.

– 복합화의 증가

현대는 전자정보의 시대이다. 초기의 정보화시대에서는 컴퓨터가 인간을 따라서 진화되었다면, 현대는 거꾸로 인간의 삶이 컴퓨터의 작업 처리방식과 흡사해 간다는 역설적 의미를 가지게 된다. 컴퓨터는 갈수록 진화된다. 그 대표적인 양상 중의 하나가 바로 멀티태스킹multi-tasking이다. 여러 가지 일을 동시에 수행한다는 새로운 작업방식의 멀티테스킹은 곧바로 인류의 생활방식에 침투, 장악한다. 이렇게 정착한 멀티테스킹은 인류의 욕망구조를 바꿔 놓게 된다. 싱글테스킹의 답답함을 참을 수 없다는 것은 멀티테스킹이 그 사람의 몸에 습속으로 자리잡았다는 의미이다.

행동의 멀티테스킹이 곧 복합화이다. 이 복합화의 양상은 행동의 상품화에서 또한 심화된다. 각각의 단위 행동들은 그에 연결되는 특정한 욕구가 있는데, 그러한 욕구가 하나의 것이 아니라 여러 가지의 행동들을 동시에 수행하기를 욕망하게 되었다.

20C 미국에서 처음으로 나타난 멀티샵[76)]은 새로운 개념의 소비공간을 창출하였다. 즉, 소비공간으로서 백화점이 입점방식에 따른 대규모의 공간을 필요로 하였다면 이곳은 아이템식의 입점을 유도함으로써 작은 공간에서도 다양한 상품의 전시를 가능하게 하였다. 이러한 멀티샵은 한국에서 토착화되는데 명동의 '코즈니'는 그 대표적 공간이다.

아이템식 입점방식을 가지는 멀티샵 – 강변 '코즈니'

아이템식의 입점은 비교적 작은 공간에서 2만여 가지의 물품진열[MD]을 가능하게 하였으며, 백화점에 비해서 상품의 진열밀도가 훨씬 높아지게 된다. 이것은 MD의 복합화라 할 수 있다. 바로 눈 앞 '10cm'에서 급변하는 상품의 목록들은

76) "멀티샵은 말 그대로 복합적인 샵이라는 뜻이다. 여러 상품들이 비슷한 컨셉을 가지고 모여 있는 상점의 형태이다." – 퓨전시대의 멀티샵 디자인 특성에 관한 연구. p.5 연세대학교 생활환경대학원 실내환경디자인 김나리. 2001. 7

소비자의 쇼핑강도를 훈련시키고, 현란한 배경음악과 함께 자극의 수용을 익숙하게 한다. 이것은 곧 MD의 멀티테스킹이라 할 수 있다.

– 재조합에 의한 새로운 공간창출의 가능성

행동의 추출과 이에 따른 공간유형의 선택, 그리고 연계방식의 선택에 따라 현재의 도시건축에서 존재하는 행동의 상품화는 다시 재조합될 수 있는 가능성의 공간이 될 수 있다.

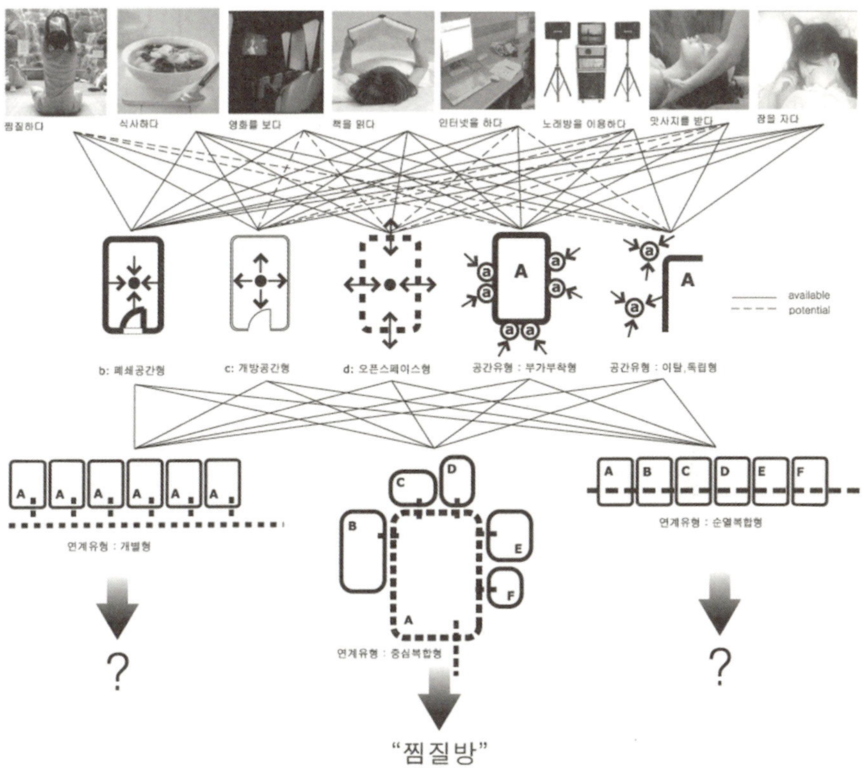

복합화와 가능성의 공간으로의 찜질방

상기 그림은 찜질방에서 발생하고 있는 상품화된 행동에 대한 도해이다. 각각의 상품화된 행동들은 다시 각각의 서로 다른 이질성을 가지고 있으며, 이러한 행동을 수용하는 공간의 유형 역시 그 행동의 성격에 적합하게 선택되어지면서 이것들이 중심복합형으로 연계되어 있다는 것을 나타낸 것이다. 실선은 현재의 조합의 양상이며 점선은 필자가 본 가능성의 연계이다.

복합공간으로서 찜질방은 다시 행동의 상품화에 있어 각각 요소들의 재조합에 의한 가능성의 공간이기도 하다. 기존의 정형화된 유형들 안으로 특정한 행동유형이 이식되어질 때, 그것을 수용하는 기존하지 않는 생경하면서도 '적합한' 공간유형이 개발, 부착될 것이며, 다시 그것의 연계방식 또한 지금까지의 중심복합형이 아닌 다른방식의 연계를 통해서 이형의 공간을 생산할 수 있는 것이다.

– 무비용행동의 유형 – 양가성兩價性 : 공적 공간의 사적 점유, 사적 공간의 공적 점유

무비용의 행동상품화는 도시 내 곳곳에서 이루어지고 있다. 또한, 이루어지고 있는 양상도 매우 다양하며, 共성과 私성을 넘나들면서 도시를 일종의 전방위의 소비공간으로 만들고 있다. 다음에서는 편의점의 의자와 복합쇼핑몰에서 나타나는 공간들에서의 양가적 의미를 살펴 보고자 한다.

– 편의점의 의자

공간거점으로서 편의점 앞에는 거의 대부분 파라솔과 의자가 있다. 얼마 안된 과

편의점의 의자

거를 회상해 보면 작은 상점들 앞에는 평상들이 있었다. 그리고 그곳에는 사람들이 모이고, 술판이 벌어지고, 작은 모임들이 이루어지곤 했었다. 그런 행위들. 작은 길거리에서 일어날 수 있는 행위들이 이제는 편의점 앞에서 이루어지고 있다. 이러한 개인의 상업시설이 제공하는 '편의점의 의자'는 그 자체로 사적 공간이 공적으로 점유되는 대표적인 공간이며, 그러한 공적 공간의 이미지를 주민에게 각인시키며, 그러한 행동을 욕망하는 소비자들에게 다가가는 것이다.

– 복합쇼핑몰의 공적 영역

사회에서 공적인 인프라infra로서 역할을 하는 교통시설과 지극히 사적인 소비공간의 결합은 양가성의 대표적 현상이다. 공적인 교통시설의 공간은 대부분 사적 공간을 통과해야만 도달하는 목적공간이 되며, 또한 공적인 교통시설의 도달공간으로 제공되어진다.

또 하나의 대표적인 공적 공간은 이른바 대형쇼핑몰의 '이벤트광장'이다. 이러한 쇼핑몰 내의 광장은 도심 내의 주요한 오픈스페이스open space로서 기능한다.

특히, 이러한 무비용행동의 제공지의 거대공간들은 대부분 이벤트광장으로 이름 붙여서 그대로 도시공간에 각인되어 기존의 도시조직에 이식되고 작동하며 점유된다. 이것은 또 다른 예의 사적 공간의 공적 점유이다. 그렇기에 이러한 이벤트광장을 제공하는 자본가들은 이른바 '공짜행동'을 제공하는 빈 공간이 아니라 어떤 지역의 중심공간으로서 기능할 수 있는 지역성까지를 고려해야 하는 당위성을 갖게 된다.

복합쇼핑몰의 공적 영역

6) 결론

자본의 욕망에 의해 탄생된 소비공간은 물품의 진열방식의 변화와 다양한 실내조명방법, 에스컬레이터라는 편리성을 제공함으로서 인간의 쇼핑행동을 극대화시켰다. 그렇게 해서 촉발된 쇼핑행동은 그 자체로 상품화가 되어 인간의 행동욕구를 자극한다. 따라서 현대인에게 소비공간은 그 자체로 여가공간화 되었고, 곧 공간 자체를 소비하는 양상으로 전개되기에 이른다. 이렇게 상품화된 공간에는 신기술로서 네트워킹과 멀티테스킹의 욕망이 들어서게 되었다. '행동의 상품화' 는 그러한 배경에서 등장되었다.

'행동의 상품화' 는 4가지 성립요건이 있다. 첫째, 규칙성은 행동의 내재하는 내규rule를 제공함으로써 행동의 표준화를 만들어 내고 둘째, 영역성은 입장에 대한 댓가를 요구하는 것이며 셋째, 시간성은 시간에 의한 비용지불이 선결요건이라는 뜻이다. 마지막 넷째인 시선성은 소비자들이 잠재적이고 집합적인 타자의 '응시' 를 의식하고, 욕망한다는 의미이다.

'행동의 상품화' 는 상품화되는 행동의 유형과 수용공간의 유형, 그리고 그 수용공간들의 연계유형의 조합으로 설명할 수 있다. 상품화되는 행동의 유형은 개별/군집, 정/동, 청년/장년, 감각적/인지적, 가상/물체미디어, 비용/무비용으로 구분할 수 있으며, 수용하는 공간의 유형으로는 상품 내재, 폐쇄, 개방, 오픈스페이스, 부가-부착, 이탈-독립형이 있다. 연계의 유형으로는 개별, 중심복합, 순열복합으로 나눌 수 있다. 이러한 각각의 성격을 가지는 유형들의 조합 양상으로 설명되어질 수 있고, 또한 기존 조합을 새롭게 함으로써 새로운 행동의 상품화를 생산할 수 있다.

현대 도시건축시설에서 행동의 상품화가 이루어지는 양상의 예는 비용의 행동수용으로 노래방, 멀티플렉스, 찜질방, 푸드코트, 테마파크가 있는 한편, 무비용의 행동수용으로는 쇼윈도우, 가판대, 이벤트 광장을 들 수 있다.

행동의 상품화는 다음 4가지 관점에서 도시건축적 의의를 가진다.

첫째, 폐쇄성의 증가를 통해 도시는 폐쇄공간의 집적체의 양상으로 전개되며, 그것은 더 이상 타이폴로지typology가 없는 단조로운 도시를 창출하게 되었다. 둘째, 복합화의 양상으로서 이러한 복합성을 통해 이미 멀티테스킹의 경험이 있는 현대인들의 욕구를 충족시킴으로서 보다 강한 자극을 생산하는 도시공간을 양산하고 있다. 셋째, 기존공간 요소들의 추출, 재조합을 통해 새로운 형태의 행동의 상품화가 기획되어 출현되고 있다. 넷째, 무비용행동의 상품화는 도시의 공공영역을 사적과 공적 어느 곳으로도 해석이 가능하기도 하며, 동시에 불가능하기도 한 양가적 공간을 만들어 낸다. 편의점의 의자와 복합쇼핑몰의 공적 영역은 그 대표적 공간이다.

본 관점을 통해 해석의 대상으로서 현대 도시건축 뿐만이 아닌 생산의 대상으로서 현대 도시건축을 바라볼 수 있다. 이러한 행동의 상품화를 형성하는 유형조합의 방식을 새롭게 함으로써 새로운 소비공간의 유형을 창출할 수 있는 가능성의 틀을 마련할 수 있다는 점에 본 연구는 의의가 있다.

행복한 소비 - 자본과 건축공간

A HAPPY COMMERCIAL

가로지르기
CROSSWALK

만보와 마주침

1) '만보와 마주침' 그 배경으로의 도시

나는 만보漫步한다. 한마디로 게으르게 걷는다. 나의 도시 안에서, 나의 공간 안에서 나는 만보한다. 만보는 탐색이며, 무엇을 향한 바라봄이다. 그 무언가를 향해 나의 뇌는 쉼 없이 운동한다. 그리고 그 무언가를 느낀 나는 반응을 시작한다. 곧 판단을 하는 것이다. 판단 이후, 나는 드디어 나의 몸을 이용하여 그 무언가에 대한 행위를 시작한다. 즉, 어떤 행위를 한다는 것은 내가 나의 외부를 받아들이면서 나의 내부화의 작동의 궤적이다. 그리고 이 행위는 그 무언가(이제는 사건이라 칭하자.)에 맞게 나의 행위는 결정이 되어지며 이러한 개별적 행위들은 그 자체적으로 시간을 축적한다. 그 축적된 시간을 통해 나의 몸에 기억으로 남겨지고, 그것이 나의 일상을 구성하게 된다. 곧 만보는 일상구성의 동력이다. 건축은 만보의 공간적 배경이다.

만보는 일상의 동력원이다.

나는 마주친다. 어느 누군가를 어느 무엇인가를 어느 시각 어느 장소에서 나의 의지와는 전혀 무관하게 마주친다.(의지가 조금은 작용할 수도 있다.) 마주침은 순간이다. 순간은 짧다. 그러나 그 순간은 정말로 나의 일상 전체를 송두리째 뒤 바꿀 수도 있는 그런 강밀도를 갖는 순간일 수도 있다. 이러한 나에게 다가오는 마주침의 순간들이 전부다 의미화가 될 수는 없다. 왜냐하면, 나는 나의 생활을 위한 일상도 구성해야 하기 때문이다. 어쩌면 마주침의 영역은 일상과는 대척점에 있는지도 모른다. 일상은 마주침의 순간을 잘 허용하지 않으려 한다. 결국, 결론이 난다. 마주침은 만보 중에만 일어나는 것이다. 그러기에 만보의 질은 마주침의 질과 직결한다. 만보와 마주침. 이것은 인생을 표현하는 아포리아aporia가 아닐까. 그리고 이 둘을 형성시켜 주는 공간적 배경으로 건축공간이 들어선다.

마주침은 순간이나 매우 강렬하다.

2) 만보객과 상품 : 상품으로서의 도시공간과 그것의 생산과 소비

만보객은 상품세계를 관통한다. 어슬렁거리는 만보객에게 상품이 없는 파사젠베르크는 허위일 뿐이다. 상품은 만보의 동력원이다. 아니 어쩌면 그 반대일 수도 있다. 상품은 만보로 먹고 사는 것이다. 만보객의 호기심과 욕망이 사라진다면 상품도 그 빛을 잃는다. 만보객 또한, 상품세계에서 자신의 존재를 인식하며 대 타자로서의 자신의 영역을 구축한다. 곧 만보객 또한, 상품시장에서 자신의 존재를 인정받고 싶어 하는 것이다. 만보객의 존재욕은 곧 구매로 달성되며 한걸음 더 나아가 자신의 존재 자체를 상품으로 내어 놓음으로써 자신이 다른 만보객에게 구매될 때 완성되는 것이다. 이런 욕구를 두고 벤야민은 자본의 환등상 안에선 우리 모두는 창녀일 수 밖에 없다고 언급한 것이다. 만보와 상품은 상호 필수불가결이다.

아케이드 : 19C형 공간 - 만보의 아이콘icon

개인미디어media : 가상적 공간 - 만보의 아이콘icon

만보객과 상품. 이 둘은 만나는 방법 또한 다양하다. 즉, 그것은 만보객의 걷는 방법과 상품이 만보객에게 다가가는 방법이 다양하다 할 수 있다. 이 둘이 만나려면 장소가 필요하다. 그 장소는 1차적으로 도시, 거리, 아케이드(벤야민의 19C형 만보), 백화점 같은 나의 몸이 담겨 있는 공간적 장소일 수도 있고, TV나 라디오처럼 물리적인 나의 몸의 일부를 이용하는 제한적 장소(미디어)일 수도 있다. 이런 미디어를 통한 만보는 나의 몸을 적극적으로 사용하는 공간소비적 만보에 비해 공간의 사용을 최소화하며, 상품은 실체의 물성을 떠나 이미지로서 만보객에게 다가온다.

공장굴뚝경제의 근대의 시대가 조직의 시대라면, 지식-정보경제의 하부구조가 만들어 낸 탈근대의 시대는 네트워킹의 시대이다. 이러한 생산양식의 변화는 만보객의 행동양식까지 영향을 미친다. 즉, 근대의 만보객은 조직 속에서 생산라인의 컨베이어벨트의 구성원으로서의 지위와 역할을 통해 자기표출의 욕망을 해소했다면, 탈근대의 만보객은 광활한 네트워크상에서 얼마나 많은 관계를 만들어 내고 하나의 독립체로서 어떻게 명확하게 자신의 영역을 만들어 내는가에 욕망의 지점이 닿아 있다. 아니 어떻게 자신의 존재를 표출시키느냐에 만보객의 생존 여부가 달려 있다 해도 과언이 아니다. 이것은 정보의 네크워크가 만들어 낸 시대의 요청이다. 이제 그러한 탈근대시대의 만보객에게는 어떠한 공간이 제공되어야 하는가. 아니 어떠한 공간의 소비를 유도해야 그토록 절박한 네트워킹의 그물망에서 만보객에게 생존의 터를 제공할 수 있을 것인가.

상품으로서의 건축공간은 만보객에게 다가간다. 자신의 존재표출을 지상과제로 안고 있는 만보객들에게는 건축공간의 선택이야말로 자신의 생사여부가 달려있다 해도 과언이 아니다. 그러나 아직 현 시대의 대다수의 만보객들에게는 이러한 상품으로의 건축공간을 잘 인식하지 못하고 있다. 어쩌면 그것은 건축인의 숙명인지도 모른다. 상품이 만들어 내는 온갖 가벼움의 환등상에서 건축은, 아니 건축공간은 너무나도 자신의 무게에 짓눌려 버린 느낌이다. 또한, 미디어를 통한 만보가 가장 경제적인 만보이기에 가장 비경제적인 건축만보에는 대다수의 만보객들이 선뜻 나서기 힘든 부분인 것이다. 여기서 절충이 일어나고 대다수의 건축공간들은 가장 경제적이라는 차선으로 가장 중성적인 공간을 만들어 놓고 그 안을 미디어로 채우고 있는 양상이 전개되고 있다. 이렇게 상품으로의 건축공간은 건축공간만이 가질 수 있는 상품으로의 진정한 가치를 부여받지도 못한 채 무색무취의 중성공간으로 상품의 아우라를 만들어 내지 못한 채 생산되고, 또한 소비되고 파묻혀 사장되고 있는 것이다. 자, 그러면 어떻게 진정한 상품으로의 건축공간을 만들 수 있을 것인가?

건축 = 중력gravity과의 숙명적 싸움

3) 진정한 상품으로의 건축공간의 창출과 만보객

건축공간이 진정한 상품으로 다가가려면 먼저 그 무거움을 벗어야 한다. 그래야 만보객의 공간욕망을 자극시킬 수 있다. 자신의 공간, 자신의 일상에서 어느 한 부분만이라도 건축공간을 바꿔 줌으로써 얻을 수 있는 신체적 변화는 이루 말할 수가 없을 것이다. 될 수 있는대로 가볍게 생산할 수 있는 방법. 인테리어 및 리모델링적 접근 또한 가벼워지려는 건축의 노력의 일환이다. 기존의 구조체를 인정하고 그곳에 그 고객만의 분위기를 잡아내는 건축공간의 생산이야말로 진정한 상품으로의 건축공간이 될 수 있다. 또한, 가벼움은 시공의 영역까지 포함되어야 한다. 콘크리트와 철골조 등 건축의 골격 자체의 무거움은 건축의 숙명이다. 그러나 이러한 숙명과의 싸움 또한 격해야 한다. 최소한의 중량을 가지는 건축. 중력에서 가벼워질수록 경제적으로도 가벼워진다. 건축의 영역에 대해서도 말할 수 있다. 도시설계의 경관에 대한 거대스케일부터, 길을 설계한다는 토목분야, 미시적으로 감성을 자극하는 소품디자인까지 건축의 영역은 확장되어 갈 수 있다.

육중함을 벗어낸 건축공간은 가볍게 움직일 수 있다. 그리고 가볍게 적응할 수 있다. 또한, 가벼워지는 만큼 전문화가 가능하다. 근대시대의 기능별 전문화가 아닌 고객으로서의 만보객에게 맞추는 전문화이다. 그래야 그의 존재표출의 욕망을 해소할 수 있으며, 건축이 진정한 상품으로서의 가치를 획득할 수 있다. 고객별 전문화가 가능하려면 그에 대한 서베이survey가 필요하다. 고객이 개인이라면 그 사람의 성격부터 행동양식의 도출, 일상생활의 구성패턴 등등의, 고객이 기업이라면 그 회사의 상품부터 기존의 형성된 기업이미지 같은 매우 디테일한 영역까지의 조사가 필요하다. 그렇게 해서 파악된 고객의 고유성은 상품으로서의 건축공간에 가장 중요한 잠재태이다. 이 고유성을 기반으로 고객의 욕구와 맞추어 주는 건축공간의 생산이 건축가의 역할인 것이다.

이제 고객의 고유성을 파악한 건축공간은 전문화의 기반을 갖추었다. 그러면 이제는 소위 '기능'이라는 일종의 고객의 요구목록에 대해 살펴 보아야 한다. 그 말은 근대시대의 만보객들이 만들어 낸 일종의 패턴화된 공간과 행위의 관계를 잘 살펴 보아야 한다는 말이다. 그 말은 이렇게 형성된 기능이라는 공간과 행위와의 관계를 파악된 고유성에 기반을 두어 다시 한 번 관찰하라는 것이다.

건축공간은 대량생산 할 수 있다. 그러나 진정한 상품으로서의 건축공간은 절대 대량생산 할 수 없다. 고유성에 기반을 둔 건축공간의 진정한 상품성은 곧 만보객의 존재표출의 가장 강력한 무기이다. 또한, 가벼움이야말로 고유성 획득의 선결조건이며 건축공간 상품화의 생명이다. 이렇게 해서 건축공간은 다시 태어나야 한다.

끝맺음(conclusion)

판타스마고리아의 성좌. 2008. 서울

별이 아름다운 것은 자신의 존재를 빛으로 알리기 때문일 것입니다. 상품이 아름다운 것 또한 자신의 존재를 감싸주는 그 무엇, 판타스마고리아의 빛을 가지고 있기 때문일 것입니다. 그렇기에 인간은 상품의 혼에 빠져 그것을 욕망하고, 취하게 됩니다. 인간은 만보漫步를 통해 상품과 만나게 되며, 그들의 죽음으로 가는 지겨운 일상에서의 탈출을 꾀합니다. 그렇기에 인간은 만보하는 것입니다. 현대도시는 바로 그러한 만보를 제공하는 행동의 장場인 것입니다.

2008년, 현대도시의 판타스마고리아는 2가지 면을 가지고 있습니다. 하나는 밝은 면이고 하나는 어두운 면입니다. 한쪽은 사람들로 넘쳐나고, 에너지가 가득 차 있습니다. 그러나 그 이면에는 불빛이 꺼진 공간, 무시된 공간이 반드시 존재합니다. 그리고 그곳에는 분명히 불을 켜 주어야 할 것입니다.

필자는 별자리를 꿈꿉니다. 이름없는 별들이 모이면 별자리가 되고 그것이 의미를 획득하듯이 메트로폴리스에 별자리를 생각해 봅니다. 각각의 존재를 담아내는 판타스마고리아의 장소들이 서로 묶여져 환등상의 별자리가 되는 것이죠. 그런 성좌들 하나 하나는 도시를 읽는 실마리가 될 수 있습니다. 메트로폴리스는 판타스마고리아가 명멸하는 바다와도 같습니다. 경이로운 그 환상의 바다에서 이러한 실마리 하나 하나는 매우 소중한 인식의 방향타일 것입니다.

그것을 통해, 우리는 길을 잃지 않고, 우리의 실존을 이 메트로폴리스에서 인식할 수 있을 것입니다.

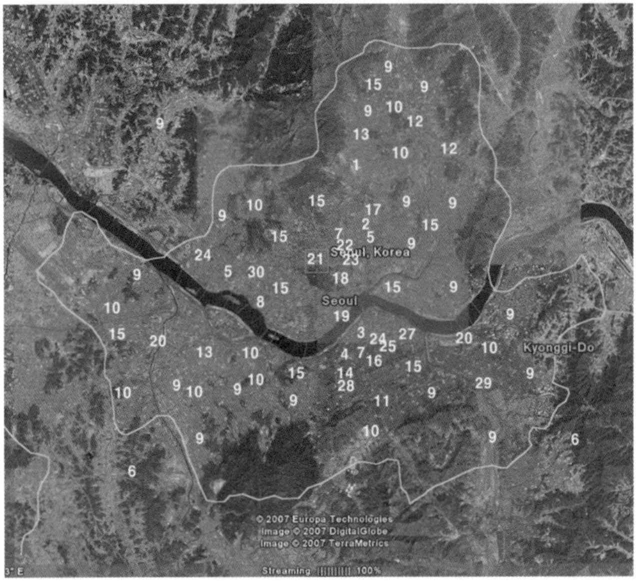

판타스마고리아의 지도

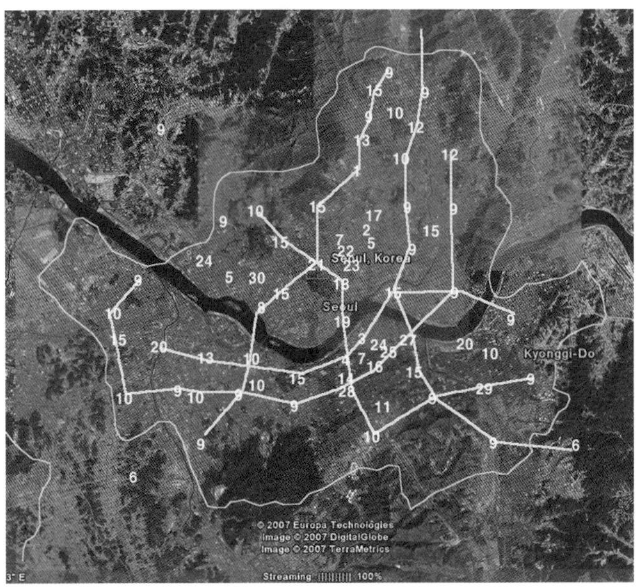

판타스마고리아의 성좌

행복한 소비 – 자본과 건축공간

A HAPPY COMMERCIAL

‘행동이 상품화되는
현대도시’의

참고문헌

APPENDIX

[단행본]

- 공간/육체/권력 : 강내희, 문화과학사. 2001
- 발터 벤야민의 아케이드프로젝트 : 수잔 벅모스, 김정아 옮김, 문학동네. 2001
- 백화점, 도시문화의 근대 : 하쓰다 토오루. 일본 근대문화의 스펙트럼. 논형. 2001
- 소비의 사회 : 보드리야르. 이상률 옮김. 문예출판사. 1999
- 현대세계의 일상성 : 기파랑. 앙리르페브르. 2005
- Harvrd design school guide to shopping : Rem Koolhaas외 Taschen.
- 자본을 넘어선 자본 : 이진경
- 욕망, 광고, 소비의 문화사 : 제임스 트위첼 지음, 김철호 옮김. 청년사. 2001
- 현대미학개론 : 진중권
- '방의도시' : 베니스 비엔날레 브로셔

[학위논문]

- 탈근대 소비문화의 근대성 연구/전자 · 정보매체의 확산에 따른 소비행위의 변화를 중심으로 : 정숙경 고려대학교. 학위논문(박사). 1998
- 건축용도의 복합방식의 연구 : 차재용. 서울대 석논. 2006
- 도시여가공간으로서의 대형상업시설의 역할과 이용특성 연구 : 서울대 도시공학과 석논. 2003. 이승우
- 현대도시건축의 가로의 내부화에 관한 연구 : 서울대 석논. 정혜진. 2005
- 탈근대 소비문화공간의 구성전략/코엑스몰 사례를 중심으로 : 서강대 신문방송학과 석논. 홍예진. 2002
- 현대건축의 경계인식에 따른 표현에 관한 연구 : 전남대대학원. 석논. 2004
- 현대건축의 경계해체 특성을 적용한 이태원 문화쇼핑공간 계획 : 홍익대 건축과 석논. 임기택. 2003

- 노래방문화가 청소년의 정서와 음악교육에 미치는 영향 : 제주대학교 석논. 유근무. 2000
- 현대 도시건축의 공원개념에 관한 연구 : 서울대 석논. 이선미. 2005
- 스포츠센터의 효율적 운영에 관한 조사, 연구 : 한양대 석논. 김재구. 2000
- 여성화장품 고객의 체험마케팅을 통한 효과적인 광고전략 연구 : 홍익대 산업미술대학원. 이병헌. 2002
- 백화점 파사드 디자인 특성에 관한 연구/도심 주요 3대 백화점 중심으로 : 중앙대 건설대학원. 정재규. 2005
- 현대도시내 일상의 장소에 관한 연구 : 서울대 석논. 김민철. 2006
- 현대사회의 소비공간에 관한 사진적 고찰 - 채워진 공간을 중심으로 : 경일대 산업대학원 석논. 김성훈. 2004
- 이터테인먼트(Eatertainment)의 개념을 적용한 푸드코트 공간디자인에 관한 연구 : 홍익대 산업미술대학원. 김미숙. 2003
- 멀티플렉스의 현황에 대한 연구 : 경성대대학원 연극영화학. 최창렬. 2005

[기타 기고문]

- PC 운영체제의 오늘과 내일 : 유주익. 전자신문사. 1992
- 건축과 관객, 소비문화와 상점건축 : 김성홍
- 경관과 조망 : 공공의 쇼윈도와 사유의 쇼윈도/Cityscape and View : Public Show Window vs. Private Show Window : 이인성. 대한건축학회.건축지. 2004

글을 마치며

"우리는 소비사회를 살고 있습니다. 우리의 일상에서 무심코 지나치는 수많은 도시공간, 도시현상을 통해 우리는 자본이 도시를 어떻게 만들고, 조정하고, 조절하고 있음을 알 수 있습니다. 필자는 그 시각을 보여 주고 싶은 것입니다. 시각은 맞춤안경과도 같습니다. 졸고가 전시해 주는 맞춤안경은 다시 독자들에게서 새로운 각자의 안경으로 맞추어질 것입니다. 그렇게 해서 각자의 자본-도시-상품의 새로운 시각을 얻게 됨을 통해 조금이나마 사회, 도시, 우리 일상에 대한 긍정적 변화를 추동할 수 있으리라 믿기 때문입니다."

먼저 출판을 허락해 주신 시공문화사 김기현 사장님께 감사드린다.

서울 시립대 신범식 · 박철수 교수님은 필자에게 큰 가르침을 주셨다. 부모님과 아내는 든든한 버팀목이다. 마지막으로 필자를 위해 당신의 평생을 뒷바라지 하셨던 고 김수동 할머니께 이 졸고를 바친다.

2008. 12.

임 동 원

서울에서 태어나 서울고등학교, 홍익대학교 건축학과를 졸업한 후,

조병수, 전인호 아틀리에를 거쳐, (주)원도시건축, (주)공간건축에서 근무하였다. 서울시립대학교 도시과학대학원을 졸업하였으며,

E-mail : dongwonlim@gmail.com

Homepage : http://blog.naver.com/nook32

현재 네덜란드 TU Delft, 베니스 IUAV에서 European Postmaster in Urbanism(EMU)과정을 이수하고 있다.

행복한 소비_자본과 건축공간
A HAPPY COMMERCIAL

2008년 12월 10일 인쇄
2008년 12월 20일 발행

저 자_임동원
발행인_김기현
발행처_시공문화사 · Spacetime
등 록_1993년 3월 12일 제 1-1493호
편 집_Design_Battery
인 쇄_예림인쇄
제 본_문종문화사
용 지_(주)대림지업사

우 편_120-796
주 소_서울시 서대문구 현저동 200 극동빌딩 5층
전 화_02)3147-1212 · 2323
팩 스_02)3147-2626
spacetime@korea.com
www.spacetime.co.kr

ISBN_978-89-5592-114-4
© 2008 시공문화사. 파본은 교환됩니다. 복사 및 복제를 금합니다.

정 가 12,000원